금잔화 씨의 집에는

곧 세 살이 되는 딸이 있습니다.

좁은 아파트에서 방 안을 신나게
뛰어다니는 딸의 모습을 보고 있으면
'슬슬 단독 주택으로
이사를 가야겠네' 라는 생각이
자꾸 듭니다.

마침 자주 다니는 산책 길에
눈에 띄는 단독 주택이 있습니다.

오래되어 보이지만
예쁜 1층 주택이랍니다.
내부는 어떤 구조일지 궁금하네요.

무슨 일이신가요?

아, 그게, ○※△□해서…

저는 **금잔화**라고 해요…

저는
메이플 피톤치드라고
해요

괜찮다면 들어와서
둘러보시겠어요?

52년 전에 지어진 그 집은
전체적으로 차분하고
온기가 느껴지는 것이,
'계속 여기에 있고 싶어'라는
생각이 들 만큼
안락했습니다.

그건 틀림없이
'나무집'이라서
그럴 거예요.

7

나무집이라서요?

아하, 나무집이라서 그런 건가.

하지만 나무집을 지으려면

돈이 많이 들 것 같아요.

관리도 쉽지 않을 것 같고요.

혹시 나무집에 관심이 있으시면

저희 아버지와 상담해 보시겠어요?

틀림없이 도움이 될 거예요.

나무집에서 살자

Living in a wooden house

[CONTENTS]

제1화

나무집만큼 멋진 주거 공간은 없다

아, 안녕하세요. **금잔화**라고 해요.
이 아이는 제 딸 **금잔디**예요.

글
후루카와 야스시
[아틀리에 후루카와/삼림 인스트럭터]

제2화
나무에 관해 좀 더 알아보자

반갑습니다.

더글라스 피톤치드라고 합니다!

일러스트/글
아라타 쿨핸드

제3화
누가 우리 집을 지어 줄까?

제4화

기왕이면 국산 나무를 사용하자

그런데 금잔화 씨는 나무집의 장점이
뭐라고 생각하시나요?

※ 이 책은 2011년에 발행된 엑스날러지 무크
《나무집에서 살고 싶어졌다면》을 대폭 가
. 필·수정해 책으로 만든 것입니다.

제1화
나무집만큼
멋진 주거 공간은 없다

episode.1

There's no place like
wood homes.

심플하면서도
럭셔리하다

Simple
but luxurious.

고요한 숲속을 걷고 있노라면 마음이 차분해진다. 세련된 철제 식탁도 좋지만 그래도 식탁은 목제가 최고다. 갓 태어난 아기에게는 나무로 만든 완구를 사 주는 게 좋다. 취향의 영역에 속한다고 하면 할 말은 없다. 하지만 우리는 자신도 모르는 사이에 나무를 좋아하고 나무와 함께하는 삶을 선택한 생물인지도 모른다.

유럽에서는 돌로도 집을 짓는다지만 일본에서는 집이라고 하면 오래전부터 나무로 지은 집을 의미했다. 그러나 건축 기술이 발전하면서 최근 수십 년 동안 공업화된 무기질 건축 재료가 크게 유행했는데, 이러한 흐름에 대한 반발인지 최근 들어서는 나무집의 우수성이 다시 부각되고 있다. 많은 양의 나무를 내·외장재로 사용한 목조 주택에는 그 자체로 안락한 생활을 약속하는 수많은 비밀이 숨어 있기 때문이다.

나무집이 사랑받는 이유

'자연'에 둘러싸여 있어 안락하다

자연의 소재로 만들어진 공간에 둘러싸여 사는 것이 나무집의 가장 큰 매력이다. 숲속의 커다란 나무 아래에서 낮잠을 자는 자신의 모습을 상상하면서 마음이 치유되는 느긋한 한때를 떠올려 보라. 나무집에서는 매일 그런 시간을 보낼 수 있다.

나무는 부드러워서 흠집이 잘 생기는 소재입니다. 하지만 생활하는 동안 자연스럽게 생긴 흠집은 가족과 함께 보낸 **시간을 새긴 각인**이라고도 할 수 있지요.

'부드럽고' 포근하다

나무는 철이나 콘크리트와 달리 주택에 사용되는 재료 중에서는 독보적으로 부드러운 소재다. 아이들이 다칠까 걱정할 필요 없이 안심하고 뛰어놀게 할 수 있으며, 노인이 넘어지더라도 큰 부상으로 이어질 가능성이 낮다. 나무 소재의 집을 만들면 부드럽고 포근한 자연의 은혜를 누릴 수 있다.

'색감'의 변화를 즐길 수 있다

시간의 흐름에 따라 나무판 한 장 한 장마다 독자적인 색깔이 만들어진다. 실내에 사용한 나무판의 경우, 흰 빛을 띠던 부분은 적갈색이 되고 불그스름했던 부분은 차분한 갈색으로 변한다. 그저 열화되어 갈 뿐인 공업 제품과는 근본적으로 다른 장점이다.

나무에는 부드러움과
다양성이 응축되어 있다

나무집은 참으로 훌륭하다. 그러나 "어떻게 훌륭하다는 건지 알기 쉽게 설명해 주세요"라는 말을 들으면 조금은 당황하게 된다. 나무집의 장점을 어떻게 표현해야 할까? 나무집은 한마디의 말로는 도저히 표현할 수 없는 매력을 지니고 있는데 말이다. 그래도 어떻게든 알기 쉽게 표현해야 한다면, 나무집에 머무르고 있을 때는 뭐라 말하기 힘든 '편안함'이 느껴진다고 하고 싶다.

그런 느낌이 드는 이유 중 하나는 '나무의 향기'에 있는지도 모른다. 많은 사람이 나무집에 들어온 순간 "좋은 향기가 나네요" 하면서 감탄한다. 그 향기는 자연의 향기다. 나무집에는 나무가 지닌 정유精油 성분인 에센셜오일이 가득해서, 그 성분이 콧속 깊숙이 파고들어 매력적으로 느껴지는 것이다. 나무집에서 사는 것은 천연 아로마테라피 그 자체라고 할 수 있다.

발바닥으로 나무의 온기를 느낀다

나무집 안에 있으면 발밑에서도 포근함이 느껴진다. 대체 어떻게 해야 나무 바닥의 풍요로움을 온전히 설명할 수 있을까? 어떻게 해야 그 온기를 생생하게 표현할 수 있을까?

"아이들을 위한 나무집을 만들고 싶습니다"라는 의뢰를 받고 보육원을 설계한 적이 있다. 완성된 보육원에서는 귀여운 아이들이 바닥을 뒹굴며 즐겁게 놀고 있었다. 선생님의 말씀을 들어 보니, 나무 바닥이 따뜻하고 부드러워서 아이들이 무의식적으로 뒹굴며 논다는 것이었다. 아이들은 솔직하다. 우리 어른도 나무 바닥을 보면 의자가 아니라 바닥에 앉고 싶어진다. 가능하다면 바닥에서 뒹굴고 싶어질 때도 있다.

만약 나무 바닥 위에서 뒹군 적이 없다면 꼭 한번 시도해 보기 바란다. 되도록이면 감촉이 부드러운 삼나무 바닥 위에 눕거나 뒹굴러 봤으면 한다. 틀림없이 나무집의 장점을 온몸으로 느낄 수 있을 것이다. 그렇다. 나무는 포근하고, 우리를 끊임없이 매료시키는 매력이 있다. 나는 나무야말로 우리에게 없어서는 안 될 존재라고 생각한다.

모양이 같은 나무는 단 한 그루도 없다

또한 나무는 매우 개성적이다. 나무를 베었을 때 모습을 드러내는 나뭇결은 나무가 성장하는 과정에서 생기는 것으로, 한 그루 한 그루가 전부 다르다. 이 세상에 똑같은 나뭇결은 하나도 없다.

언제부터인가 현대 사회는 다른 사람들과 똑같이 살기를 요구하는 세상이 되어버린 것 같다. 그러나 사람은 본래 개개인이 전부 다르다. 남들과 같아져야 한다고 하면 거북함을 느낄 수밖에 없다. 현대 사회의 이런 풍조는 우리에게 은근히 스트레스를 주고 있다.

나무도 사람과 마찬가지다. 한 그루 한 그루가 전부 다르다. 전부 다른 것이 당연하다. 나무마다 다른 다양한 나뭇결은 너무나도 자연스러운 일이다. 우리는 그런 자연스러운 나무의 모습에서 마음의 위안을 얻고 있는 것은 아닐까? 향기, 감촉, 자연스러운 모습…. 나무집은 인간의 감각에 직접적으로 호소하면서 우리의 생활을 감싸 주며, 풍요로운 삶을 우리에게 가져다준다.

최근의 연구에서는 "뇌의 활동을 측정한 결과, 인간은 나무와 접촉하면 흥분 상태에서 이완 상태로 변화한다"라는 결과가 나왔다고 한다. 또한 '나무에 둘러싸인 공간에서는 아이들이 한 가지 놀이에 쉽게 집중할 수 있다'는 사실도 보고되었다. 나무집의 장점을 과학적으로 해명하는 데 성공할 날도 멀지 않은 듯하다. 🌲

나무의 풍부한 표정

나무집에 다양한 스타일이 있듯이, 나무라는 재료 자체에도 풍부한 표정이 있다. 나무는 성장한 환경과 가공 방식에 따라 디자인이 달라지는 까닭에 어떤 나무를 선택하고 어떻게 사용하느냐에 따라 방의 분위기가 크게 바뀐다.

【옹이 있음(유절)】

생지 / 자연 그대로의 상태를 사랑하는 사람에게

수목의 가지는 햇볕이 닿지 않는 아래쪽부터 말라서 떨어진다. '옹이'는 그 말라서 떨어진 가지의 흔적이다. 말라서 떨어지기 전에 인위적으로 가지를 쳐내면 옹이가 생기지 않지만 사람이 관리하지 않은 나무에는 수많은 옹이가 나타난다.

【옹이 메움】

패치워크 / 센스가 빛나는 개성파

나무에 남아 있는 옹이(시든 가지가 그대로 나무에 파묻힌 것)를 '죽은옹이(사절)'라고 부른다. 죽은옹이를 남긴 채 판재로 가공하면 그 옹이가 빠져서 판재에 구멍이 생기는데 이 구멍을 다른 나무로 메우는 것이 '옹이 메움'이다.

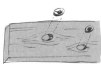

【라이브에지】

모피 / 와일드한 인상

의도적으로 나무껍질을 붙인 채 사용하는 목재를 '라이브에지' 또는 '통원목'이라고 한다. 나무의 존재감을 한층 부각시키는 사용법이다. 개중에는 가지까지 그대로 붙어 있는 것도 있다.

【곧은결(정목)】

핀 스트라이프 / 고급스러운 감각을 연출

통나무의 중심을 세로로 자르면 곧게 뻗은 평행한 나뭇결이 나타난다. 이것을 '곧은결(정목)'이라고 한다. 그리고 중심에서 벗어난 바깥쪽(나무껍질 쪽) 부분을 자르면 '무늬결(판목)'이라고 부르는 산 모양의 나뭇결로 변한다.

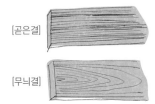

[곧은결]

[무늬결]

【심변재 혼합재】

**바이컬러 /
시간이 흐르면 같은 색조가 된다**

심재의 붉은색과 변재의 흰색이 모두 있는 것을 '심변재 혼합재'라고 한다. 색의 차이가 심하면 가격이 저렴해진다. '삼나무 혼합재'는 옛날부터 대표적인 저가 나무판이었다.

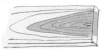

색감과 변색의
과학적인 관계

나무의 '색감'이 형성되는 배경에는 변색이라는 자연 현상이 존재한다.

나무를 구성하는 주요 성분은 '리그닌'이라는 수지 성분과 '셀룰로오스'라는 섬유 성분이다. 건물의 외벽에 나무판을 붙이면 처음에는 생기 넘치는 붉은색이나 베이지색, 수종에 따라서는 갈색을 띠고 있었던 나무판의 색이 시간이 지나면서 은회색으로 변해 간다. 이것은 리그닌이 태양의 자외선에 분해되고 비에 씻겨 내려갔기 때문에 일어나는 현상이다. 단, 변색되는 것은 표면뿐이다. 변색된 부분을 깨끗하게 깎아내면 다시 예전의 나무색이 선명하게 되살아난다.

실내에 붙인 나무판도 자외선이 닿은 부분은 리그닌이 분해되어 변색된다. 다만 이쪽은 은회색이 아니라 적갈색으로 변한다. 외벽처럼 리그닌이 비에 씻겨 내려가지 않아서 짙은 적갈색으로 유지되는 것이다. 아름다움과 역사가 동시에 느껴지는 나무의 적갈색은 나무집 고유의 매력이다. 🌲

여담이지만, 섬유 성분인 셀룰로오스는
아이스크림의 재료로 사용되기도 한답니다

나무껍질이 붙어 있는 목재에는
벌레가 생기지 않을까?

날카로운 지적이다. 분명히 그럴 가능성이 없는 것은 아니다. 수목 표면의 껍질 바로 안쪽에는 '형성층'이라고 부르는 조직이 있다. 나무는 주로 이 부분이 성장한다. 그리고 성장이 활발한 부분에는 당연히 영양소도 잔뜩 축적되어 있기 때문에 목재를 썩게 만드는 '목재부후균木材腐朽菌'이나 목재를 좋아하는 해충이 모두 이 형성층을 노린다. 그러므로 목재부후균이나 해충이 노리기 쉬운 나무껍질이 붙은 통나무는 썩거나 벌레가 꼬일 확률이 높다고 할 수 있다.

그렇다면 껍질이 붙어 있는 목재는 쓰지 않는 편이 좋을까? 꼭 그렇게 잘라 말할 수 있는 문제는 아니다. 나무껍질이 붙어 있는 통나무에는 다른 목재에서는 느낄 수 없는 중후한 존재감이 있다. 이런 목재를 좋아한다면 사소한 부분은 신경 쓰지 말고 마음껏 사용하기 바란다. 습기가 많은 곳에서는 사용을 삼가는 식으로 나름대로 주의를 기울인다면 너무 걱정할 필요는 없다. 🌲

'옹이가 없는 정목'과
'옹이가 있는 판목'의 차이

세│상에는 같은 인간임에도 외모가 아름답다는 이유만으로 모델로 활약하는 사람이 있다. 옹이가 없는 정목판은 인간으로 치면 비단결 같은 피부를 가진 날씬한 8등신 미인이라고 할 수 있다.

목재의 가격은 부피당 단가로 결정된다. 등급이 낮은 '유절 판목(옹이가 있는 무늬결)'의 가격은 1세제곱미터당 220만 원 정도다. 한편 '무절 정목(옹이가 없는 곧은결)'은 비싼 경우 1세제곱미터당 880만 원이 넘어가기도 한다. 멋진 포즈를 취하는 것만으로도 일반인의 몇 배나 되는 돈을 버는 모델과 같은(?) 구도다.

겉모습이 다르다는 것만으로도 이 정도 차이가 나다니, 옹이투성이의 판목에 가까운 우리 일반인으로서는 뭐라 말하기 힘든 허탈한 기분에 사로잡힐 수밖에 없다. 다만 같은 옹이라도 '죽은옹이'의 경우는 되돌

릴 수 없는 심각한 사태를 초래한다. 죽은옹이는 누르면 옹이가 그대로 쏙 빠져서 판에 구멍이 생기기 때문이다. 만약 기둥이나 들보 같은 나무의 골조 부분에 죽은옹이가 있다면 집 전체의 내구성이 저하될 수 있으니 주의해야 한다. 또한 죽은옹이가 있는 판을 바닥 등에 사용하면 양말이나 스타킹이 걸려서 손상될 우려도 있다.

한편 판과 일체화되어 있어 눌러도 빠지지 않는 옹이는 '산옹이'라고 하는데, 이쪽은 기능상 아무런 문제가 없다. 설령 옹이투성이라 해도 살아 있다면 훌륭히 제몫을 해낼 수 있다는 말이다. 그러면 이제 나무집에 관해 좀 더 자세히 살펴보자. ♣

유절 판목의 가격

예를 들어 폭 10cm X 길이 2.4m X 두께 10mm인 나무판을 세제곱미터(㎥)로 환산하면 0.0024세제곱미터이므로 1세제곱미터당 가격이 227만 원일 때 나무판 한 장의 가격은 5,440원이 된다. 그리고 1평(약 3.3 제곱미터)의 공간에 사용되는 나무판의 수는 약 14장이므로, 1평당 가격은 7만 5,000원이 된다.

나무집의 가구가 반드시 목재일 필요는 없다

The furniture in a wooden house is not always made of wood.

인테리어를 출발점으로 나무집의 분위기를 궁리하는 방법도 있다. 호화로운 칠기 찬합에 갓 구운 피자가 담겨 있으면 어딘가 어색한 느낌이 들듯이, 생활을 뒷받침하는 '내용물'과 그것을 담는 '그릇'은 어느 정도 잘 어울리는 관계인 편이 바람직하다. 주택의 경우는 거주자의 라이프 스타일과 선호하는 가구, 바닥·벽·천장의 마감 방식, 나무의 배색 등의 관계가 여기에 해당한다.

쉘 체어로 유명한 '임스'의 가구 중에는 산업사회의 특성을 표현한 경쾌한 분위기의 것이 많은데, 이런 계통의 가구는 색이 짙고 인상이 강한 나무를 바닥에 사용하고 벽과 천장은 경쾌한 분위기로 만든 방에 놓으면 아주 잘 어울린다. Y체어로 유명한 '한스 J. 웨그너'의 가구 같은 이른바 북유럽 스타일 인테리어를 하고 싶을 때는 바닥에는 흰색 계통의 나무를 사용하고 벽에 나무판을 붙이는 대신 회반죽 등으로 마무리하면 통일감이 생긴다. 물론 의도적으로 미스매치를 노리는 것도 한 가지 방법이다.

인테리어를 출발점으로
분위기를 궁리하면…

북유럽 스타일 밝은색 계열로 통일한다

밝은색 계열의 나무 바닥을 중심축으로 전략을 세우자. 알맞은 바닥재로는 소나무, 편백나무, 단풍나무가 대표적이다. 벽은 차분한 분위기를 내는 흰색 회반죽으로 마감하면 된다. 벽이나 천장에 키포인트로 흰색 계통의 판을 붙여 강조해도 좋다.

Scandinavian

미드센추리 모던 바닥을 경질硬質로

금속이나 플라스틱 등을 사용해서 만든 가구에는 진하고 인상이 강한 나뭇결 바닥이 어울린다. 예를 들면 졸참나무, 밤나무, 티크 같은 활엽수다. 이런 나무들을 더욱 짙은 색으로 물들이면 미드센추리 모던의 분위기가 한층 돋보인다. 여기에 벽이나 천장을 밝은 색으로 도색하면 완성이다!

The furniture in a wooden house is not always made of wood.

브로캉트 나무와 페인트의 경년 변화를 감상한다

브로캉트Brocante라고 부르는 이 스타일은 고물상 또는 골동품 상점을 의미하는 프랑스어가 어원이다. 유럽의 시골에 있는 헛간이나 보트하우스를 떠올리면 된다. 이쪽도 중고 자재를 사용하지만, 러스틱보다 조금 더 폐품에 가깝고 생활감이 느껴진다. 배치하는 인테리어나 도구도 시대나 분위기에 맞추는 것이 중요한 스타일이라 약간 상급자용으로 생각할 수도 있다. 그런 만큼 정해진 완성형이 없어서 집 꾸미기를 무한대로 즐길 수 있는 스타일이라고 할 수 있다.

러스틱 　나무의 중후함과 깊이를 즐길 수 있다

'소박한', '시골의' 같은 의미가 있는 러스틱rustic 스타일에는 비계 판자나 중고 자재, 토벽이나 벽돌, 칠이 벗겨진 철재나 테라코타 타일 등 손으로 만든 느낌을 주는 재료가 사용된다.

미국 시골의 낡은 헛간이나 목조 창고 등을 떠올리면 이해하기 쉬울지 모르겠다.

최근에는 여기에 현대적 요소를 도입한 모던 러스틱이 인기를 끌고 있다.

The furniture in a wooden house is not always made of wood. 　33

의도적으로 나무를 보여주지 않는 것이
나무집의 스타일

나무집이라고 하면 바닥도 벽도 천장도 전부 나무로 만들어진 방을 떠올릴지도 모른다. 그러나 세상에 존재하는 '나무집'의 방이 전부 나무에 둘러싸여 있지는 않다. 특히 벽에 나무판을 붙인 집은 오히려 적은 편이다.

왜 그럴까? 그 이유는 나뭇결의 존재 때문이다. 나뭇결은 분명 나무의 매력 중 하나다. 그러나 친절도 지나치면 불편함을 느끼게 되듯이, 나뭇결이 많으면 나무의 존재감이 지나치게 부각되어 부담을 느끼게 된다. 사람은 사는 동안 바닥보다 벽을 보는 일이 많기 때문에 벽에 나뭇결이나 옹이가 많으면 자신도 모르게 신경이 쓰이기 때문이다.

도장塗裝을 하면 일석이조

만약 나뭇결이 신경 쓰인다면 그 위에 조금 희석한 수성 도료를 칠하는 방법도 있다. 나무의 강렬한 존재감이 옅어지면서 방 전체의 표정이 포근하고 부드럽게 바뀐다. 도료 안쪽으로 나뭇결이나 옹이가 어렴풋

이 보이는 것도 멋스러운 포인트가 될 수 있다. 아니면 진한 페인트로 벽 전체를 칠해도 좋다. 이 경우는 나뭇결만이 얕은 부조浮彫처럼 떠오른다.

처음부터 나무에 도장을 하겠다고 결정했다면 값이 싼 나무판을 사용해도 문제가 없어 재료비를 많이 줄일 수 있다. 예를 들어 중심부의 붉은색과 가장자리의 흰색이 뚜렷하게 나뉘어 있는 '심변재 혼합재'는 그다지 인기 없는 값싼 판재인데, 어차피 도장을 할 거라면 판재의 색은 아무래도 상관이 없다.

도장의 종류는 크게 나눠서 '피막 도장'과 '침투 도장'의 2가지가 있다. 피막 도장의 대표는 우레탄 도장으로, 우레탄의 피막이 나무 표면을 뒤

덮는다. 나무가 지닌 습도 조절 기능은 저하될지 모르지만 단단한 피막이 나무판의 표면을 흠집으로부터 보호해 준다(얇게 뿌리는 정도라면 습도 조절 기능은 그다지 저하되지 않는다). 침투 도장의 대표는 오일 스테인 도장으로, 나무 내부에 오일을 침투시켜서 오염을 막는다. 우레탄처럼 흠집으로부터 나무를 보호해 주는 기능은 기대할 수 없지만, 나무 본연의 색감을 살리고 싶다면 이쪽을 추천한다.

벽지를 바른다면 '종이'를 선택하자

예전에 어떤 건축주에게 "바닥과 벽, 천장에 전부 나무판을 붙여서 오두막집처럼 만들고 싶습니다"라는 요청을 받은 적이 있었다. 그래서 앞에서 이미 이야기한 것과 같은 이유를 설명하고 "벽만큼은 벽지를 바르는 것이 어떻겠습니까?"라면서 싸구려 비닐 벽지가 아니라 전통

종이로 만든 차분함이 느껴지는 종이 벽지를 추천했다. 전통 종이로 만들었다고 해서 반드시 예스러운 느낌을 주는 것은 아니며, 서양식 인테리어에도 의외로 잘 어울린다. 몇 년 후에 찾아가자 건축주는 "벽지를 바르기를 정말 잘했다 싶습니다. 나무 벽으로 만들었다면 아마 답답한 느낌이 들었을 겁니다"라며 고마워했다.

또 어떤 건축주는 "천장에는 꼭 나무판을 붙이고 싶습니다. 옹이가 있어도 상관없으니 나무판을 붙여 주십시오"라고 부탁했다. 그래서 요청대로 천장에 나무판을 붙였는데, 막상 완성하고 나니 어느 한 곳의 옹이가 사람의 눈처럼 보이는 바람에 큰 소동이 벌어졌다. 결국 그 옹이가 있는 나무판 위에 깨끗한 판을 덧붙여서 해결했다. 그만큼 나뭇결이나 옹이의 존재는 실내의 분위기나 거주자의 기분에 큰 영향을 끼친다는 사실을 기억했으면 한다. 🌲

여러 가지 나무집

동서양에는 다양한 유형의 나무집이 존재한다. 혹시 '자연 소재로 만드는 집에 관심은 있지만, 옹이나 나뭇결이 잔뜩 있어서 나무집 느낌이 너무 강하게 드는 그런 집은 좀 별로인데…'라는 생각에 망설이고 있다면 걱정하지 않아도 된다.

민가 　강剛의 이미지를 대표하는 나무집

일본의 대표적인 나무집으로는 민가와 스키야가 있다. 굵은 기둥에 통나무 들보를 조합하고 초가지붕을 얹은 민가는 거친 '강剛'의 이미지를 대표하는 나무집이다.

스키야 　유柔의 이미지를 대표하는 나무집

다실茶室풍의 집을 의미하는 스키야는 고급 여관의 격식 있는 방을 떠올리게 하는 나무집이다. 가냘픈 기둥이 매력적이며, 민가와는 정반대로 '유柔'의 이미지를 대표한다.

양옥 　서양의 대표적인 나무집

과거에 외국인 거주지 등에 지어졌던 세련된 양옥은 일본으로 건너온 대표적인 서양식 나무집이다. 지붕의 경사가 급하고, 실내의 벽은 나무판을 붙인 뒤 페인트를 칠해서 마무리했다.

통나무집 　남자의 비밀 아지트

통나무를 짜 맞춰서 만드는 통나무집은 피서지의 펜션이나 산속의 오두막집으로 친숙한 스타일의 나무집이다. 세련된 양옥과는 대조적인 '남자의 비밀 아지트'라고나 할까?

최근에는 **아파트** 실내에 나무판을 붙여서 '나무집'으로 바꾸는 리모델링도 인기가 높아지고 있지요.

역시 지진에는
약하지 않을까?

Is it vulnerable to
earthquakes?

지금까지 나무집이 어떤 점에서 훌륭한지에 관해 소개했다. 그런데 이와 달리 '좋은 점만 있을 리는 없잖아?'라고 생각하는 사람도 있을 것이다. 이를테면 나무집은 지진에 약하지 않을까? 특히 지진이 많은 나라에서 이는 매우 중요한 문제다.

실제로 '나무집은 지진에 약할 거야'라고 생각하는 사람이 대부분이지 않을까 싶다. 그러나 이는 커다란 오해다. 일단 법률로 정해진 최신 내진 기준을 준수해서 지었다면 기본적으로는 문제가 없다. 일본은 1981년에 내진 기준에 관한 법률이 제정되었으며, 이후에 발생한 대규모 지진의 경험을 통해 몇 가지 규칙이 추가되었다. 설령 오래된 건물이라도 정해진 규칙에 따라 보강 공사를 한다면 내진 성능을 높여서 안심하고 살 수 있는 안전한 건물로 만들 수 있다.

물론 이렇게 말해도 여전히 '철골이나 철근 콘크리트로 지은 건물에 비하면 아무래도 지진에 약할 수밖에 없지 않아?'라고 생각하는 사람이 있을 것이다. 그러나 이 또한 큰 오해다. 사실 일정 규모보다 큰 건물이 아닌 이상 "철골이나 철근 콘크리트로 지은 건물보다 목조 건물이 더 지진에 강하다"라고 말할 수 있다.

많은 사람이 지진으로
집이 무너지는 메커니즘을
오해하고 있다

여러분도 지진 때문에 무너진 주택의 영상을 본 적이 있을 것이다. 집이 맥없이 주저앉는 모습을 보면서 '지진이 오면 나무집은 나무젓가락이 부러지듯이 기둥이 부러져 버리는구나'라고 지레짐작하는 사람이 많은 듯한데, 사실은 그렇지 않다.

'접합부'가 빠지는 바람에 무너진 것이다

사실 무너진 집의 대부분은 기둥이나 들보가 부러지기 전에 기둥과 들보를 연결하는 접합부가 빠지면서 각각의 자재가 분리되는 바람에 무너진 것이다. '파괴'라기보다 '분해'에 가깝다고나 할까?

'벽'이 부족하다

쉽게 무너지는 집의 또 한 가지 공통점은 '벽이 적다'는 것이다. 여기에서 말하는 벽은 '가새(보강재)'가 들어가 있는 벽을 의미한다. 기둥과 들보로 둘러싸인 사각형 벽 속에 X자 모양으로 대는 가새는 지진으로 발생한 흔들림을 견뎌내는 역할을 하는데, 이런 벽을 '내력벽'이라고 부른다.

최근에는 가새 대신 강도가 높은 **구조용 합판**을 붙여서 '내력벽'으로 사용하는 방법도 많이 사용되고 있습니다.

나무집도 상당히 튼튼하다!

접합부가 잘 빠지도록 만들어졌거나 내력벽이 적은 나무집은 지진에 쉽게 무너진다. 실제로 예전에 지어진 나무집은 이런 유형이 많았다. 그러나 현재의 나무집은 그런 약점을 완전히 보완하는 방법으로 지어지기 때문에 안심해도 된다. 또한 나무는 철이나 콘크리트에 비해 가벼운 재료지만 무게에 비해서는 강도가 있는 편이라 오히려 지진의 충격에 더 유리하다는 점도 이야기하고 싶다.

접합부는 '철물'로 튼튼하게 고정시킨다

빠지기 쉬운 접합부를 철물로 튼튼하게 고정시켜 놓으면 지진에 흔들리더라도 빠지지 않는다. 기둥과 들보, 기둥과 토대 등 빠지면 곤란한 접합부는 전부 철물로 튼튼하게 고정시킨다.

내력벽에는 올바른 배치법이 있다

내력벽은 올바른 방법으로 배치해야 한다. '필요한 양'을 '균형 있게' 배치하는 것이 내력벽의 올바른 배치법이다. 지금은 엄밀한 계산을 통해 올바른 양을 균형 있게 배치하도록 법률로 정해져 있기 때문에 안심해도 된다.

가새나 철물로 강도를 높이는 것만이 지진에 강한 집을 만드는 방법은 아닙니다.
목조木組의 강도로 지진의 흔들림을 받아내는 전통적인 방법도 있지요.
1,300년이 넘는 세월 동안 지진에 무너지지 않은 호류지 절이 그 좋은 예입니다.

그래도 화재에는 약하지 않을까?

Well,
how about fire?

정해진 기준을 지키면서 지은 나무집은 지진에도 강하다는 사실을 이제 이해했으리라 믿는다. 그렇다면 다음에 드는 의문은 '화재에는 어떨까?'일 것이다. 분명 나무는 불에 잘 탄다. 그러나 불에 잘 타니까 화재에 약할 것이라는 생각은 큰 오해다. 결국 가장 중요한 문제는 '사람의 생명을 보호하는 성능'인데, 이 관점에서 생각하면 나무집은 절대 화재에 약하지 않다.

똑같은 화재라 해도 건물이 타는 방식에는 두 가지가 있다. 첫째는 '건물 내부의 물건이 불타는' 것이고, 둘째는 '건물 자체가 불타는' 것이다. 먼저 '건물 내부의 물건'이 불타고, 그 다음에 화재가 확대되면 '건물 자체'가 불타기 시작한다.

애초에 화재가 발생했을 때는 건물이 불타기 전에 대피하고 불을 끄는 것이 가장 중요하다. 건물 자체가 불타기 전에 안전한 장소로 대피하는 것이 선결 과제이며, 이 점은 철근 콘크리트로 지은 건물이든 목조 건물이든 다르지 않다. 그러면 지금부터 나무집이 화재에 약하지 않은 이유를 설명하겠다.

화재의 대부분은 건물 내부에 있는 물건(수납 가연물)이 불타기 시작하면서 일어난다. 목조 건물이든 철근 콘크리트 건물이든 내부의 물건이 불타면서 화재가 시작되는 것이다.

정말 무서운 것은 불 자체가 아니라 유독 가스다

화재가 발생했을 때 정말 무서운 것은 불 자체보다 화재로 발생한 유독 가스다. 만약 화재로 일산화탄소가 발생해 농도가 10퍼센트에 이르면 인간은 숨을 한 번 들이마시는 것만으로도 죽고 만다. 나무집 자체는 한꺼번에 불타지만 않는다면 다량의 일산화탄소를 발생시키지 않지만, 집 안에 있는 석유 정제품(플라스틱 등)이 불타면 중독사의 위험이 높아진다. 집의 구조보다는 내부의 물건이 더 문제다.

소방차는 8분 이내에 온다

일본의 소방 시스템은 상당히 잘 만들어져 있어서, 설령 화재가 발생하더라도 도
시 지역이라면 5~8분 이내에 소방차가 도착한다(한국도 소방차가 도착하는 시간은 평균
7분대 초반이다-옮긴이). 나무집이든 철근 콘크리트 집이든 건물이 불타기 전에 대피
한다면 목숨은 건질 수 있다. 나머지는 소방대에게 맡기자!

화재 원인 1위는 **담배**입니다.
그리고 2위가 모닥불, 3위가 화로, 4위가 방화이지요.
침실에서 담배를 피우거나 마당에서 모닥불을
피울 때는 부디 주의하시기 바랍니다.

48~51페이지 감수
야스이 노보루
[사쿠라 설계집단 1급 건축사 사무소]

화재가 발생해도
불이 크게 번지지 않는 집

이런 점에 유의하면서 나무집을 짓는다면 만에 하나 화재가 발생하더라
도 이웃에 피해를 입힐 우려가 크게 줄어든다.

비중이 크다 = 불이 잘 붙지 않는다

나무는 비중이 클수록 불이 잘 붙지 않는다. 침엽수의
경우 삼나무보다 편백나무, 편백나무보다 소나무가 더
비중이 크기 때문에 재료를 선택할 때 이 점을 염두에
두는 것도 하나의 방법이다.

크기의 기준

명확히 정해져 있는 것은 아니지
만, 기둥은 굵기가 120×120밀리
미터 이상, 들보는 폭이 120밀리
미터 이상, 마감에 사용하는 판은
두께가 15밀리미터 이상인 것을
사용하면 만에 하나 화재가 발생하
더라도 주위에 피해를 입힐 위험이
낮아진다.

참고로…

가령 삼나무의 경우 **1분 동안 0.8~1밀리미터**
밖에 불타지 않는다. 나무는 사람들이 생각하
는 것만큼 불에 잘 타는 재료가 아니다.

이웃집의 창문에 주의한다

이웃집 주방에서 화재가 발생했을 경우, 마주보고 있
는 창문이 있다면 불이 번질 위험
이 높아진다. 반대로 이쪽에서
난 불이 이웃집으로 번질 위험
도 커진다. 따라서 창문의 위치
는 매우 중요하다.

처마 안쪽은 30밀리미터 이상

처마 안쪽에 대는 나무판은 두께 30밀리미터 이상인 것
을 사용하면 법률이 요구하는 연소 방지 성능을 충족할
수 있다.

가급적 소화기를 준비한다

당연한 말이지만, 소화기를 준비해 놓으면 만
일의 사태에 대비할 수 있다(특히 불을 쓰는 방).

불에 잘 타지 않는 목재가 있다고 들었는데,
정말인가요?

나무에 약품을 먹인 **난연 목재**라는 것이 있습니다.
분명히 불에 잘 안 타기는 하지만, 기능을 유지하려면
약 기운이 빠지지 않도록 관리를 해 줘야 하지요.

이제 나무집에 관해

대충 이해하셨나요?

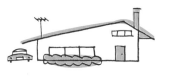

알면 알수록
나무집의 매력에 더
빠져드는 것 같아요.

그러면 나무라는 소재의

성격에 관해서도 설명해 드리지요.

이것을 알면 나무집이

더 좋아질지도 모른답니다.

제2화
나무에 관해
좀 더 알아보자

episode.2

The more you learn
about wood.

좋은 점만 있을 수는 없다?

It can't be
all that perfect, can it?

연

인을 선택하는 포인트는 무엇일까? 처음 보는 순간 '찌릿' 하고 전기가 흐르는 것은 영화나 드라마에서만 나오는 이야기가 아니다. 순간적으로 서로의 개성에 공감하면서 일어나는 현상이다. 이처럼 깊이 생각하기보다 직감에 의지하며 행동하는 것이 더 좋은 결과를 낳을 때도 있…지만, 얼마 못 가서 감정이 식어 버릴 수 있는 것도 사실이다. 이는 나무집도 마찬가지. 물론 나무집을 보자마자 한눈에 반하는 것도 나쁘지는 않지만….

나무집의 포인트를 한마디로 말하면, "나무는 생물이다"라고 할 수 있다. 산에서 자랄 때는 물론이고 벌채된 뒤에도 나무는 마치 살아 있는 듯이 움직인다. 집을 지은 뒤에 발생하기 쉬운 바닥의 휘어짐이나 수축 같은 움직임은 그 대표적인 예다. 예비지식이 없는 사람에게는 이것이 클레임거리가 되기도 하지만, 나무는 공업 제품이 아니기 때문에 어느 정도는 감안해야 한다. 그러면 평생의 반려자가 될 나무집을 선택하는 것에 관해 진지하게 생각해 보자.

나무가 움직인다고?

나무집을 지을 때의 어려움과 재미는 바로 여기에 있다고 해도 과언이 아닐지 모른다. 먼저 나무가 움직이는 메커니즘을 살펴보자.

'수분이 빠지는' 것이 원인

나무라는 생물은 산속의 물을 잔뜩 빨아들이며 살아간다. 나무의 수분은 베고 난 직후부터 빠져나가기 시작하는데(건조), 그와 함께 몸이 점점 줄어든다(수축). 고기를 건조시킨 육포가 쭈글쭈글해지는 것과 같은 원리다. 나무 바닥의 경우 언젠가부터 판과 판 사이가 벌어지는 일이 일어나기도 하는데, 이는 나무판 속에 있었던 수분이 빠져나가 판 전체가 수축했기 때문이다.

수분이 빠진다

나무판이 벌어진다

삼나무의 몸속에는 몸무게의 약 **2배나 되는 물**이 들어 있는 경우도 있답니다.

나무판이 휘어지는 원인은 '심재와 변재'의 수축 차이

아래의 그림은 나무를 잘라낸 단면이다. 중심에 보이는 붉은 부분을 '심재', 바깥쪽의 흰 부분을 '변재'라고 한다. 바깥쪽의 변재 부분은 세포 분열이 활발해서 매일 성장하는 곳으로, 젊은 변재에는 수분이 잔뜩 들어 있다. 반대로 늙은 심재에는 수분이 그다지 들어 있지 않다. 따라서 변재는 수축의 정도가 크고 심재는 수축의 정도가 작은데, 이런 차이가 바로 목재가 휘어지는 메커니즘이다. 휘어짐이 커지면 목재가 갈라지는 경우도 있다.

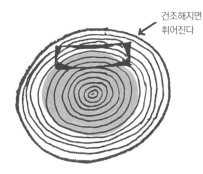

건조해지면
휘어진다

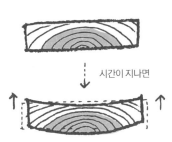

시간이 지나면

심재는 나무로서의 생명 활동을 마치고 '몸'을 지탱하는 뼈가 된 부분입니다. 영양분이 적은 까닭에 균류나 해충도 잘 노리지 않지요. 그래서 잘 썩지 않고 내구성도 높습니다.

겉도 있고 속도 있다

판의 형태로 가공된 나무에서 본래 나무껍질과 가까웠던 바깥쪽을 '나무겉', 중심과 가까웠던 안쪽을 '나무속'이라고 부른다. 나무겉은 변재 쪽이고 나무속은 심재쪽이다. 나무겉의 수축이 더 큰 이유는 앞에서 이야기한 바와 같다. 기본적으로는 나무겉을 사람의 몸에 닿는 면으로 사용한다. ◪

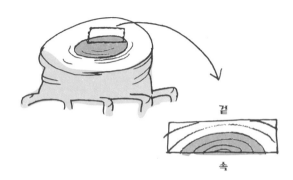

위도 있고 아래도 있다

나무를 사용할 때는 겉과 속뿐만 아니라 위와 아래도 따진다. 산에서 자란 나무를 베어서 목재로 만들었을 때, 본래 밑동이었던 쪽을 '원구(밑동부리)', 위였던 쪽을 '말구(끝동부리)'라고 부른다. 과거의 목수들은 나무를 기둥으로 사용할 때 반드시 원구가 아래, 말구가 위를 향하게 했다.

또한 나무겉에 대패질을 하면 대패가 걸리지 않고 매끈하게 다듬어진다. 반대로 나무속은 대패질을 해도 어딘가 까끌까끌함이 남는다. 이것은 **나무 섬유의 방향** 과 깊은 관계가 있다. 섬유가 어느 쪽을 향하고 있느냐가 나무겉과 나무속의 표면 상태에 차이를 만들어내는 것이다.

겉과 속이 달라도 괜찮은 시대가
정말로 좋은 시대일까?

겉과 속, 빛과 그림자, 천국과 지옥…. 무엇이든 서로 대비되는 개념이 존재하는데, 이것이 반대가 되면 어떻게 되는지에 관한 이야기를 잠시 하고 넘어가려 한다.

62페이지에서 나무에는 겉과 속이 있다고 이야기했다. '상인방'과 '하인방'은 그 대표적인 예다. 미닫이문 등의 위에 붙이는 상인방은 나무 겉이 위를 향하게 해서 붙인다. 나무는 나무겉 쪽으로 휘기 때문에 꽉 누르듯이 못을 박아서 고정시키지 않으면 시간이 지나면서 문이 부드럽게 열리거나 닫히지 않게 된다. 잘못해서 나무겉과 나무속의 방향이 반대가 되도록 붙이면 상인방도 하인방도 안쪽으로 부풀어서 최악의 경우 문이 열리지 않게 되는 경우도 있다. 나무겉과 나무속의 방향이 천국과 지옥의 차이를 만들어내는 것이다.

그런데 최근의 젊은 목수들은 나무겉과 나무속을 그다지 신경 쓰지 않는다. 나무가 휘어지는 현상은 나무 내부에 있는 수분이 빠지는 과정에서 일어나는데, 현재 유통되고 있는 나무는 대부분 확실히 건조된 것이어서 나무겉과 나무속의 방향이 틀려도 별 문제가 되지 않기 때문이다.

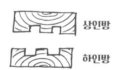

상인방

하인방

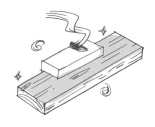

바닥도 마찬가지다. 최근에 중국에서 수입되고 있는 활엽수 바닥재 중에는 처음부터 나무겉과 나무속을 신경 쓰지 않고 가공한 것이 드물지 않다. 베테랑 목수가 들으면 기절초풍할 일이지만, 미리 충분히 건조시켜 놓았으니 상관없지 않느냐고 반문하면 딱히 할 말이 없기는 하다.

그렇다고는 해도 대패질을 해 보면 나무겉과 나무속의 차이가 여실히 드러난다. 섬유 방향의 문제 때문에 나무속 쪽을 깎으면 매끈하게 마무리가 되지 않는 것이다. '그렇다면 역시 나무겉과 나무속은 중요하지 않을까?'라고 생각하고 싶지만, 최근의 주택에는 마지막에 대패질을 해서 매끈하게 마무리해야 하는 방이 사라지고 있다. 그렇다. 전통식 방이 사라지고 있다. 전통식 방이 줄어들면서 목수가 실력을 발휘할 기회도 나무겉과 나무속을 신경 쓰는 습관도 점차 사라져 가고 있다.

이제는 나무의 장점을 활용하는 안목이 필요 없는 시대가 된 듯하다. 생각해 보면 좋은 시대가 된 것인지도 모르지만, 왠지 조금은 서글픈 기분이 든다. 🌲

나무의 2대 파벌

침엽수에는
있지만
활엽수에는
없는 것

What coniferous trees have that
broadleaves don't.

일

본 요리의 장식으로도 사용되는 솔잎은 뾰족해서 찔리면 따끔하다. 우리는 솔잎의 이 형상을 보면서 소나무가 침엽수라는 것을 알 수 있다. 한편 일본의 전통 떡인 벚꽃떡을 감싸고 있는 벚나무 잎을 보면 벚나무가 활엽수임을 알 수 있다. 이처럼 나무는 그 잎의 형태를 기준으로 침엽수와 활엽수로 분류된다. 그렇다면 나무집에는 어떤 나무가 주로 사용될까? 사실 침엽수가 압도적으로 많이 사용된다. 간략하게 설명하면, 기둥이나 들보 등의 '구조재'로 사용되는 나무는 삼나무, 편백나무, 소나무 같은 침엽수다. 반면 활엽수는 바닥재 등의 '조작재'나 가구 등 극히 일부에만 사용된다. 중량이 가벼우면서 강도도 어느 정도 있는 침엽수는 곧게 자랄 뿐만 아니라 자르거나, 깎거나, 구멍을 내는 등의 가공성도 매우 우수해서 집짓기에 최적의 재료다. 게다가 가격도 저렴하다! 침엽수만을 사용해서 지은 집은 종종 볼 수 있지만, 활엽수만을 사용해서 지은 집은 거의 찾아볼 수 없다.

침엽수란? 집을 만드는 나무

▲ 무르다

▲ 가볍다

▲ 곧게 자란다

▲ 성장이 빠르다

곧게 자랄 뿐만 아니라 가공하기도 쉽기 때문에 긴 치수가 필요한 집짓기의 재료로는 안성맞춤이다.

주용도

[집] 삼나무, 소나무, 편백나무, 화백나무, 낙엽송, 나한백 등

활엽수란? 가구 등을 만드는 나무

- 단단하다
- 무겁다
- 굽어지며 자란다
- 성장이 느리다

굽어지며 자라기 때문에 길이가 긴 물건으로는 가공할 수 없지만, 단단하다는 특징을 활용해 가구나 악기 제작 등 다방면에서 활약한다.

주용도

[가구] 티크, 마호가니 등
[야구 배트] 일본쇠물푸레나무(일본), 미국물푸레나무(미국)
[골프 클럽] 감나무
[어쿠스틱 기타] 로즈우드, 마호가니 등
[위스키 통] 화이트오크 등
[목검, 비장탄] 가시나무

🌳🌲 침엽수 · 활엽수 Q&A

 왜 나무는 침엽수와 활엽수로 **나뉘어 있는** 건가요?

진화 과정에서 그렇게 되었습니다. 진화론적으로는 침엽수가 먼저 탄생했다고 합니다. 침엽수의 특징은 잎의 표면적이 작다는 것인데, '이래서는 효율적으로 광합성을 할 수 없잖아!'라는 문제의식에서 잎의 표면적을 넓게 진화시킨 활엽수가 탄생했다는 것이 통설이지요. 참고로 침엽수는 500종이 조금 넘는 정도지만 활엽수는 무려 20만 종이 넘는답니다.

 활엽수인 **티크로 집을 지으면** 멋있을 것 같은데….

티크는 굵고 긴 목재를 만들 수 없기 때문에 건물을 지탱하는 구조재로 사용하기에는 적합하지 않습니다. 그래서 건물 전체를 티크로 짓기는 매우 어렵지요.

3

저는 화분증(꽃가루 알레르기)이 있어서 삼나무가 정말 싫어요. 왜 **일본에는** 이렇게 **삼나무가 많은** 건가요?

죄송합니다. 일본에 삼나무가 많은 이유는 제2차 세계 대전 이후의 부흥기에 **잔뜩 심었기**(무려 400만 헥타르!) 때문입니다. 그때는 설마 화분증이 '국민병'이 되리라고는 꿈에도 생각하지 못했습니다. 다시 한번 사과드립니다.

4

침엽수로 가구를 만들 수는 없는 건가요?

물론 만들 수 있습니다. 다만 침엽수는 무르기 때문에 활엽수와 같은 굵기(치수)로 만들면 강도가 약해집니다. 가령 의자라면 앉아 있을 때 다리가 부러질지도 모르지요. 침엽수를 그대로 사용하려면 다리나 등받이를 **굵거나 두껍게** 만들 필요가 있습니다. 아니면 나무를 압축해서 섬유의 밀도를 높이는 등의 가공이 필요하지요.

바닥재로 사용하면
안 되는 나무

The do-s and do nots
on wood flooring.

우리의 몸에는 수많은 경혈이 있다고 한다. 그중에서도 발바닥은 '제2의 심장'으로 불릴 만큼 온몸의 경혈이 집중되어 있는 곳이다. 발바닥의 경혈을 눌러 보면 몸의 어느 부분이 안 좋은지 알 수 있을 뿐만 아니라 능숙하게 자극하면 그 부분의 회복을 촉진한다고도 한다. 그렇다면 발바닥이 항상 닿는 바닥은 우리의 건강을 좌우하는 '말 없는 마사지사'라고 할 수 있지 않을까?

나무집의 바닥은 고민할 필요 없이 무조건 원목 마루다. 어떤 나무를 선택할지는 발바닥에게 물어보기 바란다. 이때 주로 의자에 앉아서 생활하는지, 혹은 바닥에 주로 앉아서 생활하는지에 따라 선택지가 크게 달라진다. 다만 '나는 서양식 생활에 익숙하니까 아무래도 의자 생활파겠지'라는 식으로 안일하게 생각하는 사람은 주의해야 한다. 말은 이렇게 하면서 자신도 모르게 바닥에 앉아서 텔레비전을 보는 사람이 많기 때문이다. 의자용 마루에 오래 앉아 있으면 엉덩이가 아파진다.

바닥재로는
어떤 나무가 좋을까?

의자에 앉아서 생활하는가, 바닥에 뒹굴면서 지내고 싶은가…. 이것을 결정한 뒤에는 '어떤 수종을 선택할 것인가?'라는 어려운 문제가 기다리고 있다. 진지하게 고민하면서 바닥재를 골라 보자.

■ 의자에 앉아서 생활하는 스타일이라면

【참나무】 활엽수계의 유니클로

진하지도 않고 연하지도 않은 적당한 색상으로 인기가 많은 참나무. 저렴하고 구하기도 쉬워서 수많은 나무집에 사용되고 있다.

【단풍나무】 백팀의 대표 선수

바닥을 흰색 계통으로 통일하고 싶을 때 편리하다. 온갖 인테리어의 패턴과 잘 조화를 이룬다. 비교적 저렴한 것도 있으며, 구하기도 쉽다.

【자작나무】 고상한 어른의 분위기

심재와 변재의 색 차이가 심하지만, 변재만으로 만든 판을 사용하면 어른스럽고 부드러운 분위기를 연출할 수 있다. 심재가 얼마나 섞여 있느냐에 따라 인상이 크게 달라진다.

【티크】 바닥재의 왕

내마찰성이 뛰어나 신발을 신고 생활하는 스타일에도 사용할 수 있으며, 요트의 갑판 등으로도 사용된다. 일본에서는 자라지 않기 때문에 수입에 의존하게 되는데, 과거의 무분별한 벌채로 희귀해져서 구하기 어려운 것이 단점이다

바닥재의 유통량이나 가격은 **지역에 따라** 큰 차이가 있습니다. 실제 가격은 집짓기를 의뢰한 곳에 문의하시기 바랍니다.

■ 바닥에 앉아서 생활하는 스타일이라면

【삼나무】 침엽수계의 유니클로

옹이가 많은 삼나무는 가격이 저렴하고 구하기 쉬워서 인기가 많다. 침엽수 가운데 가장 부드럽다고 해도 과언이 아니어서 만진 순간 온기를 느낄 수 있지만, 그 대신 흠집이 잘 난다는 약점도 있다. '바닥은 원래 흠집도 생기고 그러는 것이 정상'이라고 생각하는 사람에게 추천한다.

【소나무】 베테랑의 품격

일본에서는 오래전부터 친숙했던 바닥재로, 강도가 높고 수지(樹脂) 성분이 많아서 내마찰성도 우수하다. 옹이가 있는 것은 비교적 가격이 저렴하고 구하기도 쉽다. 경년 변화로 인해 나타나는 적갈색은 무엇과도 바꿀 수 없는 매력이다.

【낙엽송】 소나무는 소나무인데…

옹이가 많은 수종이지만, 다른 침엽수에 비하면 옹이 색이 옅어서 나뭇결과 조화를 이루기 때문에 잘 눈에 띄지 않는다. 비교적 저렴하지만 나뭇진이 나오기 쉬워서 미리 나뭇진을 뺀 '건조재'를 사용하는 것이 좋다. 시간이 흐르면 상당히 짙은 색으로 바뀌기 때문에 주의가 필요하다.

【편백나무】 바닥재의 왕(일본 대표)

처음에는 흰색이던 것이 경년 변화를 거치며 적갈색으로 변한다. 옹이가 없고 나뭇결이 아름다운 것은 가격이 비싸지만, 옹이가 있는 것은 비교적 저렴하고 구하기도 어렵지 않다.

어떤 패턴으로 시공할까?

바닥재를 까는 패턴에는 몇 가지가 있다. 물론 어떤 패턴으로 까느냐에 따라 방의 인상이 달라진다. 손이 많이 가는 패턴은 당연히 비용도 높아지지만, 방 하나 정도는 마음에 드는 패턴으로 깔아도 괜찮다.

【일반 패턴】 활엽수의 필연

길이가 짧은 판을 효과적으로 사용하는 패턴이다. 판의 이음새가 가지런하면 판과 판이 서로를 잡아 주지 못해 나무가 휘기 쉽기 때문에 가급적 이음새가 어긋나도록 깐다. 길이가 긴 판을 얻을 수 없는 활엽수 중에서 나뭇결이 예쁜 것을 사용한다. 다만 짧은 판을 많이 까는 것은 번거로운 작업이기 때문에 최근에는 미리 공장에서 나무판을 이어붙인 가공품도 판매되고 있다.

【헤링본 패턴】 멋을 낸 바닥 패턴

최근 유행하고 있는 '헤링본'은 조금 멋을 낸 바닥 패턴이다. 짧은 판재를 효과적으로 사용해 멋진 패턴을 만들었다. 이는 '헤링본 원단'이라는 직물로도 유명한 무늬인데, 생선의 뼈와 비슷하게 생겼다고 해서 '청어herring의 뼈bone'라는 이름이 붙었다고 한다. 같은 헤링본이라도 평행사변형 판재를 산 모양으로 배치하는 '프렌치 헤링본'은 손이 많이 가기 때문에 이 패턴을 원할 경우에는 사전에 문의해야 한다.

프렌치 헤링본

헤링본

【스트라이프 패턴】 `바닥의 기본`

최대한 긴 판을 사용해서 판과 판의 이음새를 줄이는 시공 방식이다. 이음새가 적어서 깔끔한 인상을 준다. 활엽수는 긴 판을 얻기 어렵기 때문에 주로 삼나무나 소나무 같은 침엽수를 사용한다. 다만 4미터라든가 3미터 등 길이가 정해져 있어서 방의 크기에 따른 치수를 잘못 선택하면 목재를 낭비하게 된다.

【대각 패턴】 `낭비가 생기기는 하지만…`

방의 벽과 비스듬히 까는 방식이다. 판을 대각선으로 깔기만 해도 인테리어 분위기가 크게 달라진다. 길이가 긴 판을 깔면 보기 좋지만, 짧은 판을 사용해도 나름의 분위기가 난다. 양옥 등 외국 건물에서 많이 볼 수 있다.

【파켓 패턴】 `거의 공예품의 경지`

작은 블록 형태의 나무 조각으로 패턴을 만들면서 깐다. 보통은 접착제를 사용해서 붙이기 때문에 콘크리트 위에도 직접 깔 수 있다. 신발을 신고 다니는 봉당 등에도 사용되며, 그럴 경우 활엽수라 해도 상당히 단단한 수종이 적합하다. 대각 패턴과 마찬가지로 일본에서는 거의 볼 수 없는 패턴으로, 목제 타일 바닥에 가까운 이미지다.

바닥재는 두꺼운 편이 좋을 것 같은데…, 어느 정도가 적당할까?

같은 러닝화라 해도 밑창이 두꺼운 것을 신으면 지면에 착지했을 때의 충격이 완화된다. 원목 바닥재도 두꺼운 판을 사용하면 왠지 발의 감촉이 좋아지는 기분이 들지만, 역시 비용이 신경 쓰이기 마련이다.

바닥재의 두께에는 9밀리미터, 12밀리미터, 15밀리미터, 18밀리미터 등이 있는데, 일반적으로 많이 유통되는 것은 15밀리미터다. 폭도 75밀리미터, 90밀리미터, 100밀리미터, 120밀리미터, 150밀리미터 등이 있지만, 100밀리미터 전후가 품목이 다양하다. 곧고 굵게 자라는 침엽수의 경우 폭이 넓은 판을 만들기가 쉽지만, 그럼에도 150밀리미터가 넘는 것은 가격이 비싸진다.

이제 본론인 발의 감촉으로 넘어가면 두께 15밀리미터 이상과 12밀리미터 이하가 분기점이 된다. 불과 수 밀리미터 차이지만 상당히 차이가 크다. 다만 바닥재를 깔기 전에 바닥의 바탕을 어떻게 만드는지도 발의 감촉에 큰 영향을 끼치기 때문에 일률적으로 "판의 두께는 몇 밀리미터 이상이 좋다"라고 단언하기는 어렵다.

이런 점을 감안하면서 발의 감촉, 비용, 구하기 쉬운 정도, 선택지의 다양성 등의 측면에서 종합적으로 생각해 보면, 수종에 따른 차이는 있지만 바닥재의 크기는 두께 15밀리미터, 폭 90~120밀리미터인 것을 추천한다. 또한 발의 감촉과는 상관이 없지만, 원목 바닥재는 표면이 더러워지거나 흠집이 나더라도 표면만 깎아내면 깨끗해지기 때문에 미리 어느 정도 깎아낼 것을 염두에 두고 두께를 선택하는 방법도 있다.

그런데 가끔 "바닥을 어떤 패턴으로 깔아야 방이 넓어 보일까요?"라는 질문을 받을 때가 있다. 좋은 질문이다. 기본적으로 방의 긴 쪽 벽과 수평하게 바닥판을 깔면 방이 넓어 보인다. 다만 방의 입구에서 바닥면을 봤을 때의 느낌에도 영향을 받기 때문에 이것이 무조건 정답이라고 말할 수는 없다. 또한 커다란 창이나 멋진 경치가 보이는 창과의 위치도 고려하면서 바닥재를 깔아야 한다. 이는 방마다 다르기 때문에, 실제로 바닥재를 깔 일이 생기면 바닥에 대해 잘 아는 사람(설계자, 목수)과 의논해서 결정하는 것이 좋다. ♣

생활 스타일은
바뀌지 않는다?

텔레비전이나 잡지의 영향 때문인지, 최근에 새로운 집을 지으려는 사람들은 하나같이 잡지나 드라마에서 본 스타일을 따라하려고 한다. 식당에는 테이블과 의자를 놓고 거실에는 3인용 소파를 놓는 식이다. 그런데 실제로 집이 완성되어 생활을 시작하면, 거실에 놓은 키 작은 테이블에 상을 차리고 바닥에 앉아서 식사를 하거나 바닥에 앉은 채 소파에 기대 비디오 게임을 하는 등 기존의 생활로 되돌아간다.

《생활의 수첩》을 창간한 명편집자 하나모리 야스지(1911~1978)는 "아마도 한 나라의 정부를 바꾸는 것보다 한 가정의 된장국 만드는 방식을 바꾸는 것이 훨씬 어려울 것이다"라는 말을 남겼다. 가족의 생활 스타일이라는 것은 새 집에서 산다고 해서 쉽게 바뀌는 것이 아니다. 가족의 생활 스타일이나 개개인의 취향 등을 다시 한번 되돌아본 다음 바닥재나 가구를 선택해도 늦지 않다. 원목 바닥에 식탁 세트보다 다다미 바닥에 앉은뱅이 밥상이 더 편한 사람은 얼마든지 있기 때문이다. 🌲

벽과 천장의 선택

벽이나 천장에 나무를 붙이면 실내는 순식간에 나무집스러워진다. 어떤 나무를 붙일지는 취향에 따라 선택해도 무방하다. 몸이 직접 닿는 부분이 아니기 때문에 바닥만큼 요구 사항이 까다롭지는 않다.

옹이와 나뭇결이 분위기를 결정한다

벽에 붙이는 나무판이 '옹이가 없는 곧은결(무정 정목)'이냐 '옹이가 많은 무늬결(유절 판목)'이냐에 따라 방의 분위기가 완전히 달라진다. 물론 가격도 하늘과 땅 차이다. 벽은 바닥 이상으로 시선이 향하기 쉬운 곳이기 때문에 가격이 싸다고 옹이가 많은 삼나무 판을 붙이면 순식간에 '산속 오두막풍의 집'이 만들어져 버린다. 옹이와 나뭇결의 존재감을 충분히 계산에 넣으면서 어떤 나무를 어떤 곳에 사용할지 결정해야 한다.

무줄눈   평줄눈   V줄눈

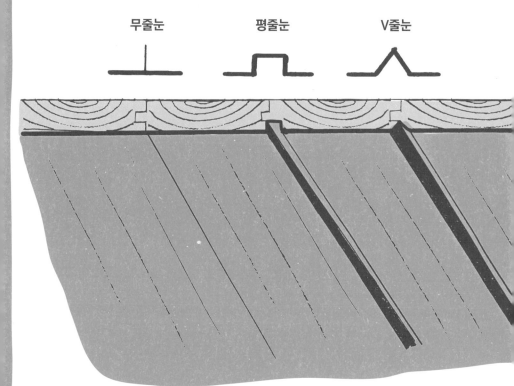

나무판을 벽에 붙일 때는 **가로**로 붙이는 편이 **비용이 저렴**합니다. 가로 방향으로 붙일 경우는 기둥 위에 그대로 판을 붙일 수 있지만, 세로 방향으로 붙이려면 판을 붙이기 전에 '퍼링 스트립(퍼린재 : 나무폴대)'이라는 것을 기둥에 부착해야 하지요. 그래서 세로로 붙일 때는 목수의 인건비가 약간 상승합니다.

신은 작은 줄눈에 깃든다

옹이나 나뭇결도 중요하지만, 벽이나 천장에 판을 붙일 때 '줄눈'을 어떻게 넣느냐에 따라서도 분위기가 달라진다. 줄눈이란 판과 판 사이의 작은 틈새를 뜻한다. 이 줄눈의 폭이나 형태가 조금만 달라도 방의 인상이 크게 달라진다.

【V줄눈】 핀 스트라이프

판의 측면을 비스듬하게 깎고 그 판을 나열해 V자 모양의 홈을 만든다. 샤프한 인상을 주며, 평평한 판에 음영을 만들어낸다. 판의 유통량도 많은, 가장 일반적인 줄눈 시공 방식이다.

【평줄눈】 판의 존재감이 상승한다

판과 판의 틈새를 살짝 띄워서 붙이는 방식. 줄눈의 음영이 깊어진다. 틈새 간격을 벌리면 판 한 장 한 장의 존재감이 더욱 커진다. V줄눈과 조합하면 부드러운 인상을 줄 수도 있다.

【무줄눈】 연결되어서 커다란 판이 된다

줄눈을 넣지 않고 판과 판을 바짝 붙이는 방식. 곧은결 판을 무줄눈으로 붙이면 이음새의 존재가 희미해져서 한 장의 커다란 판처럼 보이게 된다.

The do-s and do nots on wood flooring.

외벽에는 강인한 나무를 사용하라!

비바람에 노출되는 가혹한 환경인 외벽에 붙이는 나무판은 다소 강인한 나무로 만든 것을 배치하는 것이 바람직하다.

【불에 구운 삼나무】 이것이야말로 세기의 대발명!

삼나무 판의 표면을 불로 구워서 탄화시킨다. 그러면 비를 맞아도 잘 썩지 않고 해충도 꼬이지 않는, 나무이면서 50년 정도는 특별한 관리가 필요 없는 꿈의 외벽재가 탄생한다. 이것이 불에 구운 삼나무다. 간사이 지역에서 탄생한 것으로 알려져 있으며, 교토 시내의 오래된 상가 건물 외벽에서 종종 볼 수 있다. 염해¤¤에도 강하기 때문에 해변에 나무집을 지을 생각이라면 강력 추천한다. 심지어 가격도 싸다!

【낙엽송】 물을 막는 데는 기름이 효과적이다

나무 내부에서 나오는 수지가 빗방울을 튕겨 준다. 과거에는 잘 휘어져서 다루기 힘든 나무로 유명했지만, 현재는 고온 건조 처리 등의 기술 덕분에 다루기가 상당히 수월해졌다.

【삼나무】 그대로도 사용할 수 있다

불에 굽지 않은 삼나무도 외벽에 사용할 수 있다. 시간이 지나면 풍화하기도 하고 수명도 길지 않은 편이지만 그럼에도 상당히 강한 나무다. 잘 썩지 않는 심재 부분을 사용하면 좋지만, 가격이 조금 비싸다.

심재

나무 외벽에는 **통풍이 필수**입니다. 통풍이 잘 안 되면 곰팡이가 생기는 경우가 많지요. 그러므로 주택 밀집 지역 등 통풍이 나쁜 곳에서는 설령 '강인한 나무'라 해도 외벽으로 사용하지 않는 편이 현명합니다.

가로? 세로? 대각선?

외벽에 나무판을 붙이는 방향도 집 전체의 분위기에 영향을 끼친다. 가로로 붙이는 경우가 많지만, 세로로 붙여도 나쁘지는 않다. 대각선으로 붙이는 깃은 상당히 특수한 경우다.

【세로 붙이기】 현대적인 느낌

나무판을 붙이는 방법은 실내의 벽과 같지만, 붙이기 전에 '퍼린재'를 박는 공정이 필요하기 때문에 조금 손이 많이 간다. 그러나 세로 붙이기를 한 집은 드물기 때문에 거리를 지나가는 사람들에게 인상적으로 보일 것이다. 줄눈을 어떻게 넣느냐에 따라서도 집 전체의 인상이 바뀐다.

＊외벽 목재 사이딩의 종류: 채널 사이딩, 베벨 사이딩, 로그 사이딩

【 가로 붙이기 】 영국이나 독일 분위기

판과 판을 아래쪽에서 30밀리미터 정도 겹쳐서 붙인다. 겹쳐진 판이 서양의 갑주 모양인 것을 '비늘판벽' 또는 '영국식 비늘판벽'이라고 한다. 그 위에 '누름대'라는 막대 모양의 나무를 대서 고정시킨 것은 '누름대 비늘판벽'이라고 하는데, 옛날부터 일본의 가옥에 많이 사용되어 왔다. 비슷한 방식으로 판이 겹치는 부분을 깎아서 외벽이 올록볼록해지지 않게 하는 '독일식 비늘판벽'이라는 방법도 있다.

영국식 비늘판벽

누름대 비늘판벽

독일식 비늘판벽

데크 테라스에는
이 나무를

나무에 가장 가혹한 환경이라고도 할 수 있는 실외 데크. 외벽 이상의
강도를 지닌 나무가 아니고서는 그 막중한 임무를 다 해낼 수 없다.

■ 데크 테라스에는

【밤나무】   외부 임무의 최강자

비바람이 불어도 금방 아래로 흘러서 지면으로 사라지는 외벽과 달리 데크 테라스는 떨어진
빗물을 정면으로 받아내야 한다. 그래서 내수성과 내구성이 뛰어나야 하는데, 밤나무는 이런
조건을 훌륭히 충족시킨다. 과거에 선로 침목으로 사용되었을 만큼 밤나무의 내수성과 내구
성은 정평이 나 있다. 데크는 맨발로 걸을 때도 있기 때문에 나무에서 부푸러기가 일어나 살
에 찔리는 일이 있어서는 안 된다. 밤나무는 부푸러기가 일어나더라도 연해서 살에 찔리지 않
기 때문에 안심하고 걸을 수 있다. 다만 시간이 지나면 타닌이라는 검은 나무즙이 나와서 시
각적으로 조금 지저분하게 느껴질지 모른다.

【레드시다】   해외에서 온 강자

적삼목이라고도 불리는 측백나무과의 침엽수로, 그 내구성은 침엽수 중에서도 으뜸으로 알
려져 있다. 흰개미 등이 싫어하는 살균 성분(피톤치드)이나 곰팡이 · 진드기의 번식을 막는 알
칼로이드, 벌레의 움직임을 약화시키는 히노키티올 등의 성분이 많이 들어 있어서 살균력과
방충력도 매우 강력하다.

참고로, **오제 국립공원**의 나무 길은 **잎갈나무**로 만든 것입니다. 잎갈나무는 잘 부러지지 않고 썩지 않기로 유명한 나무여서, 탄광의 갱도를 지탱하는 기둥으로 사용되기도 했었답니다.

■ 욕실 등 물을 쓰는 곳에는

【 나한백 】　아오모리가 유명

밤나무와 마찬가지로 오래전부터 건물의 토대에 사용되었을 만큼 내구성이 뛰어나다. 이 나무에서 채취하는 기름은 '나한백 오일'로, 독특한 향기가 나는 정유精油다. 일본에서는 아오모리와 노토에서 자란 나한백이 유명하다. 외국산인 옐로시다도 좋다.

【 화백나무 】　욕실의 벽으로 안성맞춤

관棺의 소재로도 자주 사용되는 나무이기 때문에 꺼림칙하게 생각하는 사람도 있지만, 욕실 등 물을 쓰는 곳에 사용할 나무로는 매우 우수하다. 가격도 그리 비싸지 않다. 특유의 향은 호불호가 갈린다.

나무는
어디부터 썩을까?

나무의 약점은 썩는 것이라고 생각하는 사람이 많을 것이다. 그렇다. 나무는 썩는다. 이것만큼은 도저히 어떻게 할 도리가 없다. 나무는 생물이라서 자외선에도 약하다. 다만 이것은 철이나 콘크리트도 마찬가지다. 나무에 약품을 바르거나 침투시켜서 방부 처리를 하면 썩지 않게 만들 수 있을까? 그렇게 간단한 문제는 아니다. 도장을 한다고 해도 나무 표면을 얇게 덮을 뿐이기 때문에 몇 년 정도 지나면 확실히 효과가 떨어진다. 약품을 나무 내부에 침투시키면 다소 효과가 높아지기는 하지만, 이것도 완벽한 해결책은 될 수 없다.

나무는 목재부후균이라는 균류가 나무의 성분을 분해해서 썩는다. 그리고 이런 균류는 곰팡이와 마찬가지로 고온다습한 환경을 좋아한다. 가령 데크 테라스는 나무가 잘 썩는 장소로 유명한데, 자세히 살펴보면 대부분 나무에 박은 못의 주변부터 썩기 시작하는 것을 알 수 있다. 못을 박은 부분은 조금이지만 주위보다 옴폭 들어가 있기 때문에 그곳에 빗물이 고이면서 부패가 단숨에 진행되는 것이다.

나무가 썩는 것을 막고 싶다면 못 구멍 하나에 이르기까지 부후균이 번식하기 쉬운 환경을 만들지 말아야 한다. 즉 통풍을 좋게 하고 물이 잘 고이는 부분을 없애는 방법밖에 없다. 90페이지에서 데크 테라스에 추천하는 나무로 소개한 밤나무 이야기를 잠깐 하면, 일본산 밤나무는 건축 관계자들 사이에서도 일반적으로 거의 유통되지 않는 나무로 인식되는 듯하다(주로 중국산이 많다). 그러나 국산 재료를 주로 취급하는 전문점에 물어보면 유통이 전혀 안 되는 것은 아니라고 한다. 데크 테라스에 필요한 정도의 양이라면 일본산 밤나무나 나한백도 아직 유통이 가능한 모양이다. 🌲

나무집에 사는 것은
식물을 키우는 것과
비슷하군요.

하지만 그래서 더 애착이 생겨서
즐겁게 살 수 있을 것 같아요.

나름 신경을 써 주지 않으면
금방 시들어 버리겠어요.

누구에게 의뢰할 생각이냐고요?

그런데, 금잔화 씨는 실제로
나무집을 짓는다면 누구에게
공사를 의뢰하실 생각이신가요?

그러고 보니 궁금해지네요.

다들 어떻게 나무집을 지은 걸까요?

제3화
누가 우리 집을
지어 줄까?

episode.3

Who is going to build
my house ?

파트너의 선택은
일생이 걸린 문제

*Choosing partners
goes a long way.*

"여성이 결혼 상대에게 바라는 조건은 높은 학력, 높은 수입, 큰 키의 이른바 '3고高'다." 이런 말이 유행하던 시대도 있었다. 그러나 지금은 '나와 가치관이 같은 사람'이 1순위라고 한다. 시대가 변한 것이다.

집짓기도 마찬가지다. 집을 짓기로 결정했다면 대부분 민간 주택 건설사, 공무점(일본의 단독주택 건설 시공업체), 설계 사무소 중 한 곳에 집짓기를 의뢰하게 되는데, 각각 장단점이 있기 때문에 충분히 비교 검토해 본 다음 여러분에게 맞는 최고의 파트너를 찾아내는 것이 중요하다. 특히 나무집은 집을 짓는 사람에게 일반적인 주택 이상의 지식과 경험을 요구하기 때문에 겉모습만 보고 '결혼'을 결정하면 불행한 결말을 맞을 수도 있다. 주택 건설사의 경우는 대부분 대동소이하지만, 나무집을 취급하는 단독 주택 건설 시공사나 설계 사무소는 편차가 매우 심하다. 서비스나 디자인은 좋지만 정작 핵심인 나무에 관한 지식에는 의문 부호가 붙는 경우도 적지 않다. 그렇다면 어떻게 해야 '천생연분'을 찾아낼 수 있을까?

민간 주택 건설사 성능제일주의

하우스메이커라고도 부른다. 나름 대기업이라는 사실
이 가져다주는 안정감은 절대적이지만, 진짜 나무집에
살고 싶다면 다른 곳을 찾아보는 편이 좋을지도 모른다.

주로 집성재를 사용한다

민간 주택 건설사는 나무집을 지을 때 기둥이나 들보 같은 골조에
상사商社를 통해 입수하기 용이한 '집성재'를 사용하는 경우가 대부
분이다[192페이지 참조]. 또한 바닥이나 벽, 천장에는 유지 관리가 필
요한 원목재를 원칙적으로 사용하지 않는다. 개중에는 나무집처럼
보이도록 만든 철골조 주택도 있다.

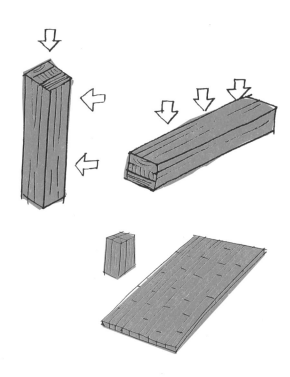

디자인은 획일적이다

방 배치나 외관 등을 미리 정해 놓은 디자인 중에서 선택하는 방식이기 때문에, 철저히 취향을 반영한 나만의 집을 짓기는 어려울지도 모른다. 영업 사원이 설계자를 겸하는 경우도 많아서 자잘한 주문을 추가하다
보면 비용이 상승하기도 한다.

가격은 비싼 편이다

기업의 광고비나 연구 개발비 등이 가격에 반영되기 때문에 어쩔 수 없이 비싼 편이다. 한편 속칭 빌더라고 불리는 건설사도 있는데, 이런 회사의 경우 영업 형태는 민간 주택 건설사와 같지만 획일적인 주택을 잔뜩 만들어냄으로써 가격을 낮춰 이를 세일즈 포인트로 삼는다.

공무점 전통적인 나무집 위주

지역의 소규모 건축 회사인 공무점에 의뢰하면 실력에
자신 있는 장인이 본격적인 나무집을 지어 줄 것 같은 이
미지가 있지만, 실제로는 회사에 따라 실력 차이가 상당
히 크다.

나무에 관한 지식은 회사마다 차이가 있다

지역 밀착형이고 일본산 나무를 적극적으로 사용하는 회사
부터 "국산이든 수입이든 나무는 다 거기서 거기잖아?"라고 말하
는 회사까지, 나무집에 대한 자세는 회사마다 천차만별이다.

전통을 중시하는 경향이 있다

나무집을 세일즈 포인트로 내세우는 공무점은 전통적 스타일의 나무집을 짓는 경향이 있다. 선배 목수에게 물려받은 목공 기술은 의심의 여지가 없지만, 기술과 함께 디자인 센스까지 물려받은 탓에 디자인이 과거의 가치관에 머물러 있는 경우가 많다. 그래서 "이 방은 카페 느낌이 나게 만들어 주세요"라고 부탁해도 탐탁찮은 반응만 돌아올 우려가 있다.

가격은 저렴한 편이다

가격은 하우스메이커와 빌더의 중간 정도다. 사후 지원도 철저하며 융통성이 있다. 나무집은 지은 뒤의 유지 관리가 중요하기 때문에 서비스가 충실한 회사라면 안심할 수 있다.

설계 사무소 그야말로 옥석 혼재

건축가라서 어떤 집이든 설계할 수 있을 거라고 생각했다면 큰 착각이다. 디자인도 센스도 지식도 사람에 따라 편차가 있다.

목조 건물에 관해서는
전혀 모르는 사람도 있다

나무집에 관한 지식은 공무점과 마찬가지로 회사(설계자)에 따라 천차만별이다. 개중에는 나무집을 한 번도 지어 본 적이 없는 사람도 있다. 목조 건물의 설계는 대학의 건축학과에서도 자세히 가르쳐 주지 않기 때문에 대학교를 졸업한 뒤 철근 콘크리트 건물만 설계해 온 사람에게 나무집에 관해서 물어본들 아마도 기대하는 대답은 듣기 어려울 것이다.건축가라고 해서 어떤 집이든 다 지을 수 있는 것은 아니다.

디자인은 비교적 자유롭다

대부분의 설계 사무소는 자사가 설계한 주택의 사진을 홈페이지에 공개하고 있다. 그 사진들을 보고 자신이 생각하는 집과 분위기가 같다는 생각이 들었다면 일단 상담해 보자. 첫 상담은 상담료를 받지 않는 곳도 많다.
다만 개중에는 집을 '작품'이라고 부르며 자신의
설계대로 할 것을 강요하는 예술가 스타일의
설계자도 있으니 주의하기 바란다.

비용은 설계자에 따라 차이가 있다

설계자에 따라 저비용 주택에 특화한 사람, 고급 저택에 특화한 사람, 양쪽 모두 잘하는 사람 등 다양한 유형이 존재한다. 다만 경험이 적은 설계자가 만드는 나무집은 자잘한 트러블이 발생하기 쉽기 때문에 가급적 경험이 풍부한 사람에게 의뢰하는 편이 무난할 것이다.

평 단가는…

의뢰할 곳을 골라내기 위한 핵심 질문

그러면 의뢰처를 선정하기 위한 구체적인 방법을 설명하겠다. 세상은 바야흐로 인터넷 검색의 시대다. 먼저 인터넷에서 여러분이 머릿속에 그리고 있는 나무집을 지어 줄 수 있을 것 같은 회사(설계자)가 근처에 있는지 검색해 보자.

이런 '검색어'로 확인해 보자!

나무집 국산 자재 (지역명)	검 색
나무집 원목재 (지역명)	검 색
프리컷 삼나무 (지역명)	검 색
프리컷 수가공 (지역명)	검 색
나무집 단점 (지역명)	검 색

"저희 회사는 나무집이 전문입니다"라고 표방하면서 웹사이트에 소개한 사례들만 보고 판단해서는 안 된다. 회사의 평판이나 이용자의 감상 등 좋은 정보는 물론 나쁜 정보까지 전부 검색·조사한 다음 의뢰 후보를 추려내자.

이런 질문을 해 보자!

파트너 선택을 위한 1차 시험

Q1) 귀사는 어디에서 자란 나무를 사용해 집을 짓고 있나요?

모범 답변

최대한 국산 나무, 가능하다면 건설지와 가까운 곳에서 자란 나무를 사용하려 노력하고 있습니다. 다만 가까운 곳에서 자란 나무만으로 집 한채를 짓기는 어려운 것이 현실입니다. 또한 부분적으로는 수입 목재를 사용하는 편이 디자인의 측면에서 좋은 경우도 있습니다. 이 문제에 관해서는 얼마든지 상담에 응해 드리겠습니다.

> 나무의 원산지를 신경 쓰느냐 쓰지 않느냐가 포인트.

Q2) 천연 건조와 인공 건조는 어느 쪽이 더 좋은가요?

모범 답변

일률적으로 어느 쪽이 좋다고 말할 수는 없습니다. 환경의 측면을 고려하면 화석 연료를 사용하지 않고 건조시키는 천연 건조가 좋겠지만, 목재의 유통 사정을 생각하면 천연 건조 목재는 제품화하기까지 시간이 너무 오래 걸리는데다가 함수율 등의 품질 관리도 어렵습니다.

> 건조 방법은 나무의 품질을 크게 좌우한다. 건조에 관해 자신만의 견해가 있는 사람이라면 일단은 안심할 수 있다.

Q3) 영 계수는 어느 정도가 좋은가요?

모범 답변

나무를 사용하는 장소에 따라 필요한 강도가 달라집니다. 당연히 필요한 영 계수도 달라지는데, 강한 나무도 있고 약한 나무도 있기 때문에 그런 나무들을 적재적소에 사용하도록 관리하는 것이 중요합니다.

> 영 계수는 나무의 강도를 나타내는 지표 중 하나다(200페이지 참조). 설마 영 계수를 모르는 곳은 없을 것이다.

검색을 이용한 조사에는 한계가 있다. 결국 직접 만나서 이런저런 이야기를 나눠본 다음에 결정해야 한다. 눈여겨본 상대와 약속을 잡아서 만났다면 기회를 봐서 위와 같은 질문을 해 보기 바란다. 상대의 실력을 엿볼 수 있는 핵심 질문들로, 만약 상대가 제대로 대답하지 못한다면 감점 요소다.

나무집을 지을 때 일어나기 쉬운 트러블과
2가지 예방법

누구의 잘못인지가 명확한 트러블이라면 이야기도 빠르고 해결의 실마리를 찾는 것도 쉽겠지만, '딱히 누구의 잘못은 아닌데…'라는 생각이 드는 책임 소재가 모호한 트러블은 의외로 처리하기가 어렵다. 그리고 나무집을 지을 때 일어나기 쉬운 트러블은 골치 아프게도 대부분이 후자여서, 이 때문에 스트레스가 조금씩 쌓여 간다.

요청 사항이 제대로 전해지지 않았다

아마도 가장 많이 일어나는 트러블은 '요청 사항이 제대로 전해지지 않은 것'이 아닐까 싶다. 여기에서 "분명히 말을 했다", "하지 않았다"라는 말싸움이 시작되고, 진흙탕 싸움으로 발전한다.

나무집은 일반 주택에 비해 건축주의 생각이 강하게 반영되는 경향이 있다. 따라서 '전체적으로는 이런 이미지인가?'라는 막연한 청사진을 세우면 설계자나 현장의 장인들에게 건축주의 의도가 제대로 전해지기 어렵다. 그래서 결과적으로 머릿속에 그렸던 것과 전혀 다른 집이 완성되어 버리는 경우도 있다. 그중에서도 자신의 실력에 자부심이 강한, '나무집에 관해서라면 전부 나에게 맡기시오' 스타일의 장인을 상대할 때는 주의가 필요하다. 일반적으로 실력이 좋은 장인 중에는 구석구석까지 철저하게 작업하지 않으면 직성이 안 풀리는 성격의 소유자가 많다. 또한 자신의 실력에 자부심도 있기 때문에 건축주의 요구사항을 끝까지 듣지도 않고 "원하는 게 뭔지 잘 알겠으니 다른 사람들한테까지 말할 필요는 없소"라고 호기롭게 말하기도 한다. 하지만 실제로는 여러분이 무엇을 원하는지 거의 이해하지 못한 경우도 많다. 게다가 장인의 대부분은 유행하는 인테리어나 패턴에 거의 관심이 없기 때문에 "여기는 조금 러프하게 마무리해 주세요"라든가 "약간 손상된 느낌으로 만들어 주세요" 등 '철저히'라는 가치관과 정반대의 요구를 받으면 갑자기 사고가 정지되어 버리는 경향이 있다. 이처럼 요구사항이 제대로 전해지지 않는 유형의 트러블을 예방하려면 먼저 잡지 등에 실린 사진을 최대한 많이 준비해 놓고 그 사진들을 보여주면서 건축주가 구상하는 나무집의 형태를 확실히 알리는 것이 중요하다. 그런 다음 완성된 집의 이미지를 대략적으로 그려 달라고 부탁하거나 사용할 자재의 표본을 보여 달라고 요청하는 등 세세한 부분을 하나하나 확인해 나가면 좋을 것이다.

또한 계약 전에 이야기를 주고받을 때 건축주의 이야기가 상대방에게 제대로 전달되었는지 자세히 확인하는 것도 중요하다. 예를 들어 설계자든 영업 담당이든 처음 만나서 이야기를 나눌 때 "다음에 만날 때까지 자료를 준비해 놓겠습니다"라든가 "나중에 이메일로 보내드리겠습니다" 같은 작은 약속을 했다면 그 약속을 제대로 지켰는지 확인하기 바란다. 만약 약속을 지키지 않고는 나중에 "깜빡했습니다"라며 핑계를 댄다면 그 사람(회사)은 틀림없이 집짓기가 시작된 뒤에도 깜빡하기를 반복할 것이다.

목수의 실력을 확인하는 방법

나무집을 지을 때 종종 일어나는 또 다른 트러블은 '알고 보니 목수의 실력이 좋지 않았다'는 것이다. 나무라는 재료는 자연에서 살고 있었던 생물인 까닭에 제대로 경험을 쌓은 사람이 공사하지 않으면 완성물이 엉성해질 뿐만 아니라 완성된 뒤에도 자잘한 문제들이 발생하기 쉽다.

과거의 목수들은 나무의 성질에 관해 누구보다 깊고 자세한 지식을 갖고 있었지만 지금은 공장에서 운송된 부품을 나사로 고정시키는 작업밖에 해 본 적 없는 사람도 많다. 만약 그런 사람이 담당이라면 문제가 커진다. 이런 실패를 예방하려면 당연하게도 실력이 좋은 목수에게 집 짓기를 맡기는 방법밖에 없다. 목수의 기량을 판단하는 기준은 '직접 먹줄치기·바심질을 할 수 있는가?', '계단 가공을 할 수 있는가?'의 두 가지가 대표적이다. 그러나 문외한의 눈으로 이를 판단하기란 불가능에 가깝다. 그러므로 프로가 아닌 사람은 너무 어렵게 생각하지 말고 공사 중인 현장에 찾아가 보기 바란다. 여러분이 집짓기를 의뢰하려는 회사에 "현장을 보고 싶습니다"라고 부탁하는 것이다. 현장이 깔끔하게 정돈되어 있다면 그 목수의 실력은 나쁘지 않은 것이다. 이것이 문외한이라도 목수의 실력을 확인할 수 있는 방법이다. 반대로 현장에 도구나 자재가 정리 정돈되어 있지 않고 쓰레기도 어지럽게 흩어져 있다

면 그 회사는 추천하지 않는다. 어수선한 현장에서는 어수선한 집이 지어질 뿐이다. 현장이 깔끔한 목수는 대체로 일도 빠르고 마무리도 깔끔하다. 그런 목수를 고용한 회사도 대부분 신뢰할 만하다. 목수가 아니더라도 주변을 정리 정돈하지 못하는 것은 일 못하는 사람의 전형적인 특징이다. 여러분도 머릿속에 떠오르는 사람이 있을 것이다. 🌲

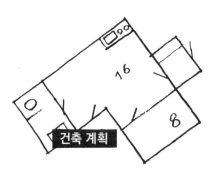

방 배치에
왕도는 없다

No set rules
for dividing rooms.

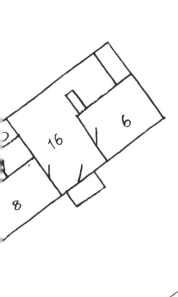

고대 그리스의 수학자인 유클리드는 유클리드 기하학으로 친숙한 인물로, 이집트의 왕이 그에게 "좀 더 쉽게 기하학을 배울 방법은 없는가?"라고 묻자 "학문에 왕도는 없습니다"라고 대답했다는 유명한 일화가 있다. 후세에 지어낸 이야기라는 설도 있지만 진위야 어쨌든 머리를 감싸고 고민하다 '좀 더 쉽고 빠르게 답을 구할 수는 없을까?'라고 생각해 본 경험은 비단 왕이 아니더라도 누구나 한 번쯤 해 봤을 것이다.

우리도 방 배치를 결정할 때마다 고민에 빠진다. 거실은 좀 더 넓게 확보하는 편이 좋지 않을까? 수납공간이 조금 부족한 것은 아닐까? 그렇게 방 배치에 대한 고민은 끝날 줄 모른다. 결론부터 말하면 방 배치에도 왕도는 없다. 물론 그렇다고 아무렇게나 해도 되는 건 아니다. 지금부터 나무집의 장점을 최대한 이끌어내는, 오랫동안 살 수 있는 방 배치 아이디어를 소개하겠다.

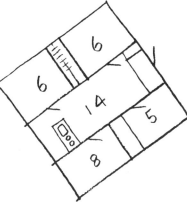

처음에는 이런 방 배치로

중요한 점은 '오랫동안 살 수 있어야 한다'는 것이다. 생활의 변화에 유연하게 대응할 수 있는 집을 목표로 삼자. 일단은 견실한 골조를 만드는 것이 중요하다. 골조가 견실하기에 실현 가능한 '가변성'이 나무집의 가장 큰 매력이다. ◺

커다란 원룸이 좋겠다고 생각하면 그렇게 만들어도 되고, 작은 방을 여러 개 만들고 싶다면 그것도 나쁘지 않다. 다만 한 가지 조언을 하자면 '애초에 바꾸고 싶을 때 **손쉽게 바꿀 수 있는 방 배치**로 만들어 놓는 것'이 중요하다.

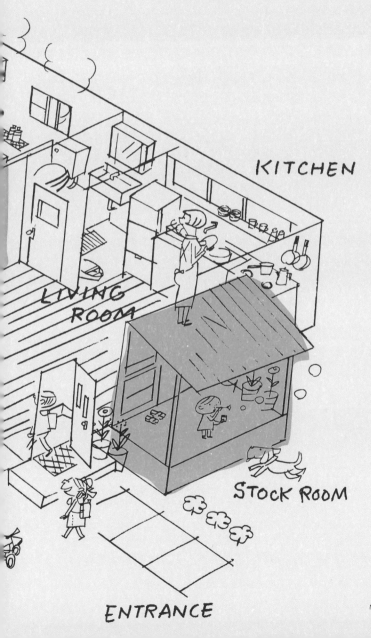

KITCHEN

LIVING ROOM

STOCK ROOM

ENTRANCE

30년 후에는 이런 형태로

거주자의 구성은 세월과 함께 변화한다. 자녀가 독립해서 집을 떠나고, 개가 1마리에서 3마리로 늘어나고, 할아버지는 하늘나라로… 등등.

BATH ROOM
최신 설비로 교체했다

LIVING ROOM
아이 방에 있었던 칸막이벽을 없애서
커다란 거실로 만들었다

BED ROOM
조금 넓혔다

방 배치를 거주자의 구성과 라이프 스타일에 맞춰서 바꾸면 훨씬 살기가 편해진다. 기둥, 들보, 벽 같은 **기본적인 골조**를 최대한 단순하고 견실하게 만들어 놓으면 방 배치를 자유롭게 변경할 수 있는 것이 나무집의 특성이다. 칸막이벽을 없애서 커다란 원룸을 만드는 것도, 부분적으로 증축해서 방 하나를 늘리는 것도, 조금만 돈을 들이면 쉽게 실현 가능하다. 그러므로 처음부터 완벽한 방 배치에 집착할 필요는 없을지도 모른다.

KITCHEN
마주보는 방식의 카운터를 설치했다

SUN ROOM
테라스를 제2의 거실로 만들었다

ENTRANCE

나무집을 지으려면 돈이 얼마나 들까?

How much does
a wooden house cost ?

과거에 '편백나무집', '솔송나무집'은 고급 주택의 대명사였다. 간토 지방에서는 편백나무가, 간사이 지방에서는 솔송나무가 고급 목재로 인식되었으며 실제로 편백나무로만 집을 지으려면 상당히 많은 돈을 들여야 했다. 시대가 흐른 오늘날에도 아낌없이 나무를 사용해서 집을 지으려면 상당한 금액이 필요하다는 인식이 있다. 그러나 실제로는 딱히 그렇지도 않다. 건축비에서 목재가 차지하는 비율은 일반적으로 전체 비용의 20퍼센트 이하다. 그렇다면 무엇이 집의 가격을 끌어올리는 것일까? 그것은 바로 인건비와 설비 기기 비용이다. 인건비가 비싼 것은 어떤 업계든 마찬가지지만, 사람들은 주방, 화장실, 조명 같은 설비 기기에도 많은 돈을 들인다. 한번 생각해 보자. 설비 기기는 시간이 흐르면서 점차 구형이 된다. 한편 나무는 시간이 흐를수록 더욱 멋스러워진다. 그렇다면 어느 쪽에 돈을 더 많이 들인 집이 좋은 집일까?

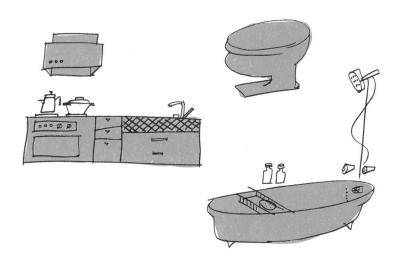

합계 2억 2,000만 원.
현장을 관리하는 사람의 인건비 2,500만 원을 포함하면 2억 4,500만 원,
여기에 부가가치세 2,450만 원까지 더하면 전부 합쳐서….

2억 6,950만 원

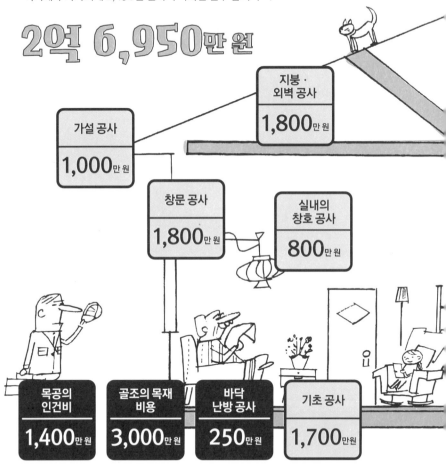

지붕 ·
외벽 공사
1,800만 원

가설 공사
1,000만 원

창문 공사
1,800만 원

실내의
창호 공사
800만 원

목공의
인건비
1,400만 원

골조의 목재
비용
3,000만 원

바닥
난방 공사
250만 원

기초 공사
1,700만 원

칸막이벽도 없이 최대한 단순하게 만들었을 경우의 가격이다. 가구, 창호, 칸막이
벽 등을 추가할 경우에는 1,800만 원이 추가된다. 그래도 2억 9,000만 원 정도
면 30평짜리 나무집을 지을 수 있다는 계산이 나온다. 그럭저럭 실현 가능해 보이
는 가격이 아닐까?

HOW MUCH?
심플한 나무집

실제로 나무집을 지을 때, 어떤 부분에 어느 정도의 돈이 들까? 30평(약 100제곱미터)짜리 집을 최대한 단순하게 지었을 경우의 금액을 대략적으로 계산해 봤다(한국의 2021년 기준 재료비 포함 금액, 감수자 정보 제공).

조명 기구 공사
500만 원

실내의 마감 공사 전반
4,000만 원

외벽 공사
4,000만 원

가스 공사
200만 원

전기 배선 공사
450만 원

위생기구
350만 원

보일러, 각방 온도조절기
200만 원

설비 배관 공사
550만 원

나무에 들어가는 비용은
생각보다 많지 않다고?

중요한 포인트는 '무엇에 돈을 쓰느냐?'다. 이것이 결정되면 집의 가격을 조정할 길이 보이기 시작한다. 일반적으로 집짓기에 들어가는 비용은 크게 재료비와 인건비로 나눌 수 있다. 최근에는 재료비와 인건비의 비율을 대략 1 대 1로 잡는 것이 일반적이다. 그리고 재료비에서 비교적 높은 비율을 차지하는 것은 설비 기기다. 나무집이라고 해서 반드시 목재에만 큰돈이 드는 것은 아니다.

가령 3억 원이 들어간 집(토지 가격은 제외)이라면 재료비는 그 절반인 1억 5,000만 원이다. 그리고 이 가운데 목재 가격은 골조와 마감재를 합쳐도 약 4,000만 원 정도다. 재료비 전체의 1/3 이하, 전체 비용의

1/7 정도에 불과하다. 나무에 돈을 더 쓴다고 해도 5,000만 원 정도 면 된다. '나무집은 돈이 많이 든다'라는 선입견을 가진 사람이 많지만, 나무에 들어가는 비용 자체는 그다지 많지 않다.

설비 기기를 선택할 때는 '자신의 논리'를 중시한다

최근에는 설비 기기가 눈부시게 발전하고 있어서, 주방, 화장실, 세면 대, 욕실 등에 다양한 기능을 탑재한 제품이 매년 새롭게 등장하고 있 다. 그런데 그런 기능까지는 필요 없지 않나 싶은 '과잉 기능'이 늘어나 는 반면 심플하면서 사용하기 쉬웠던 제품은 어느 틈엔가 모습을 감추

최근에는
이 비용의 비중이
커지고 있다

설비 공사
설비 기기의 구입비,
설치 공사비 등

25%

40%

골조 공사
목재의 구입비, 목수
의 인건비, 기초 공
사비 등

35%

마감 공사
지붕이나 외벽, 창호
나 가구, 도장 등의
재료비와 공사비

나무집 공사비의 일반적인 비율(2층 목조 주택 기준)

비용의 열쇠는
설비 기기가 쥐고 있다

목재의 재료비는 일반적으로 건축비 전체의 20퍼센트 이하밖에 차지하지 않는다. 내·외장에 나무판을 붙이면 목수의 인건비도 들어가지만, 그만큼 설비 기기에 들이는 돈을 줄이면 비용 을 억제하면서 여러분이 꿈꾸는 '나 무집'을 충분히 실현할 수 있다.

는 등 이해하기 어려운 현상도 종종 일어난다. 아무리 궁리를 짜내어 상품을 개발하더라도 일정 수준에 다다르면 발전이 멈추는 것은 어쩔 수 없는 현상이다. 제조사 측도 내심 '이 기능은 거의 쓰이지 않을 텐데…'라고 생각하면서도 어떻게든 신기능을 탑재한 제품을 만들어내야 한다는 딜레마에 시달리고 있지 않나 싶다.

이것은 굳이 말할 필요도 없는 기업의 논리일 뿐이다. 우리가 기업의 논리에 장단을 맞춰 줄 이유는 없다. 멋진 나무집에 살고 싶은 여러분은 다시 한번 원점으로 돌아가서 우리의 생활은 어떤 모습이어야 하는지, 자신의 집에 정말로 필요한 설비는 무엇인지를 진지하게 검토해 보기 바란다.

화려한 기능을 탑재한 설비 기기에만 정신이 팔리면 자신도 모르는 사이에 예산의 균형이 무너져서 정말로 살고 싶었던 집을 짓지 못하게 될지도 모른다.

알루미늄 섀시 대신 '나무 창'을 사용할 수 있을까?

Can wood replace
aluminum framed windows?

사실 알루미늄 섀시가 창문을 대신하게 된 것은 의외로 최근의 일이다. 옛날에 지어진 집은 전부 나무와 흙과 풀로 창문을 만들었다. 골조나 마감에는 나무를 사용했고, 지붕도 짚을 엮어서 만들거나 흙을 구워서 만든 기와를 얹었으며, 벽의 재료도 흙과 풀이었다. 창문 역시 나무로 만드는 것이 보통이었다. 그런데 왜 요즘에는 알루미늄 섀시가 주류가 된 것일까? 그 주된 이유는 유지 관리가 쉽고 내구성이 우수하기 때문이다. 그러나 썩지 않도록 궁리하면서 사용한다면 나무 창이나 나무문 역시 결코 유지 관리가 어렵지 않다.

잠시 상상해 보기 바란다. 창이 나무로 만들어졌다는 것만으로도 방의 분위기는 크게 달라진다. 나무로 만든 창이 있고, 그 창가에 서서 조용히 바깥 경치를 바라본다. 그런 여유로운 시간을 보내는 것은 절대 꿈에서나 그려 볼 수 있는 호사가 아니다.

만약 이 부분이 나무로 만들어져 있다면

사용 편의성이나 내구성을 생각하면 나무가 아닌 편이 좋기는 하지만, 그럼에도 그 부분을 나무로 만든다면···.

창 　풍요로운 생활

자연의 빛과 바람을 실내로 끌어들이는 것뿐만 아니라, 바깥의 경치를 바라보거나 이웃과 간단한 인사를 나누는 것 또한 창의 중요한 역할 중 하나다. 물론 알루미늄 섀시도 나쁘지는 않지만, 나무 창이 있다면 왠지 생활이 풍요로워진 것 같은 기분이 드니 참으로 신기한 일이다.

현관문 　`웃는 얼굴로 맞이한다`

그 집의 첫인상을 좌우하는 현관문은 그야말로 집의 얼굴이라 할 수 있다. 알루미늄 도어는 왠지 쌀쌀맞은 분위기지만 목제 도어라면 손님을 웃는 얼굴로 따뜻하게 맞이해야 할 것 같은 기분이 든다. 물론 어디까지나 기분의 문제지만, 이 기분이라는 것은 의외로 무시할 수 없는 요소다.

참고로, 강한 저녁 햇살에 노출되면 나무가 **빠르게 상하기** 때문에 현관의 위치를 결정할 때는 주의가 필요합니다.

한 곳만은 목재 섀시를 설치한
어느 건축주의 고집

분명히 알루미늄 섀시는 훌륭한 제품이다. 나무로 틀을 짠 창과 비교해 보면 알루미늄 섀시의 장점을 한눈에 알 수 있다. 빗물이 새어 들어오지 않고, 틈새로 황소바람이 들어오지도 않는다. 벌레도 안 생길 뿐만 아니라 열고 닫을 때도 매끄럽다. 그리고 무엇보다 압도적으로 가격이 싸다! 이렇게 보면 알루미늄 섀시 대신 나무 창을 달고 싶어 하는 사람은 상당한 괴짜인지도 모른다. 다만 그 사람은 누구보다 나무집에 살 자격이 있는, 사랑스러운 괴짜라고 할 수 있다.

알루미늄 섀시 창과 나무 창은 창문 너머로 보이는 풍경이 다르다. 그리고 이런 감각이야말로 나무집을 지을 때 소중히 해야 할 점이다. 생각해 보라. 고성능만을 우선한 집은 왠지 재미가 없지 않은가? 어떤 건축주는 나무 창을 달고 싶다는 소망을 끝내 버리지 못해, 온갖 단점을 감수하고 딱 한 곳에만 나무 창을 설치하기로 결정했다. 남쪽으로 경사가 진 고지대의 부지에 집을 지으면서 멀리 후지산이 보이는 거실의 창

을 나무 창으로 만든 것이다. 건축주는 원래 자연이 풍부한 경치이기는 하지만 나무 창까지도 그 자연의 일부가 되어 더욱 멋진 경치가 완성됐다면서, 역시 나무 창을 달기를 잘했다고 행복한 표정으로 말했다.

최근에는 기성품 목제 섀시도 종류가 다양해졌고 성능도 상당히 좋아졌다. 소나무나 나한백 등 잘 썩지 않는 수종을 엄선해서 사용하고 방수성을 높여 항상 건조한 상태가 유지되도록 만들었기 때문에 아마도 쉽게 썩는 일은 없을 것이다. 물론 평소에 점검과 유지 관리를 열심히 하고 창을 자주 여닫아 주는 등의 수고는 필요하다. 비용이 알루미늄 섀시의 약 2~3배여서 가격 부담이 있다는 것이 옥에 티지만, 한 곳만이라도 나무 창을 달아 보면 나무집의 완성도도 만족감도 틀림없이 상상 이상으로 높아질 것이다. ♣

USED도 OK

Yes for USED!

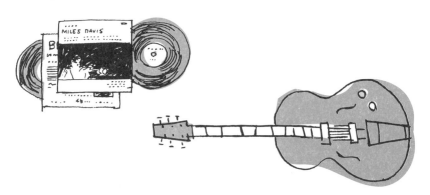

집은 아버지가 열심히 일해서 새로 짓는 것. 일본에는 이런 '전통'이 있었다. 그러나 지금은 그 '전통'이 크게 흔들리고 있다. 장기간에 걸친 불황도 그 원인 중 하나지만 무엇보다 집에 대한 가치관이 크게 변하고 있기 때문이다. 최근 젊은 세대를 중심으로 '중고 주택도 상관없어'라고 생각하는 사람이 늘고 있다. 흠집 하나 없는 신품을 조금씩 길들여 쓰는 것도 좋지만, 어느 정도 길이 들어 있는 중고품을 자신의 취향대로 손봐서 사용하는 것도 즐거운 일이다. 과거에 가난의 상징이었던 중고품이 지금은 멋쟁이들의 필수 아이템으로 변모했듯이, 중고라고 반드시 '싼 게 비지떡'은 아닌 것이다.

그렇다면 어떻게 해야 멋진 중고 주택을 찾아낼 수 있을까? 여기에서 필자만의 독자적인 방법을 소개하겠다.

멋진 중고 주택을 찾아보자!

발품을 팔고, 인터넷을 이용하고…. 중고 주택 찾기는 낭만이 넘치는 보물찾기 여행인지도 모른다.

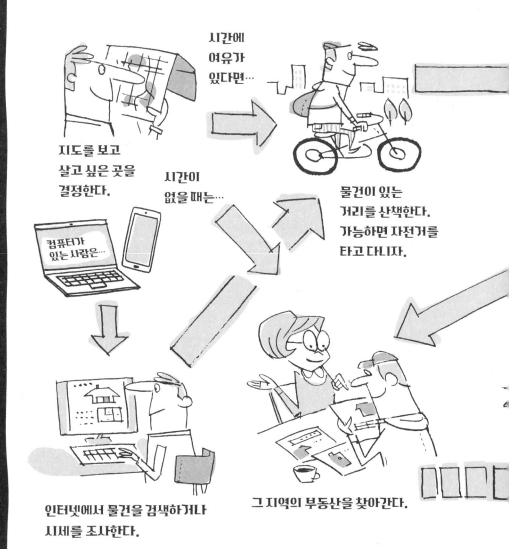

지도를 보고 살고 싶은 곳을 결정한다.

시간에 여유가 있다면…

물건이 있는 거리를 산책한다. 가능하면 자전거를 타고 다니자.

시간이 없을 때는…

컴퓨터가 있는 사람은…

인터넷에서 물건을 검색하거나 시세를 조사한다.

그 지역의 부동산을 찾아간다.

물건을 발견했다면 이웃 사람들에게
상세한 정보를 물어본다.

물건의 주인을
알았다면…

상세한 정보를
알아내지 못했다면…

주인을 찾아간다.

주변 환경을 파악할 겸
다른 경로로 돌아가자.

**물건의
내부를 관찰!**

내부를 관찰할 때의 포인트.

1. 주방

반드시 사진을
찍어 놓을 것.

2. 욕실

3. 화장실

물을 쓰는 곳을 확인! 이곳의 상태에 따라
리모델링의 예산이 달라진다.

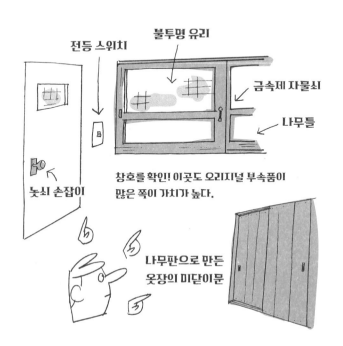

불투명 유리

전등 스위치

금속제 자물쇠

나무틀

놋쇠 손잡이

창호를 확인! 이곳도 오리지널 부속품이
많은 쪽이 가치가 높다.

나무판으로 만든
옷장의 미닫이문

천장과 벽, 바닥을 확인!
최대한 원래 상태를 그대로 남기자.
특히 벽에 벽지가 붙어 있다면 불합격.
바닥에 장판이 깔려 있어도 탈락!

리모델링 비용은
얼마나 들어갈까?

중 고 주택의 매력은 뭐니 뭐니 해도 저렴한 가격이다. 그런데 리모델링에 지나치게 돈을 들인 나머지, 나중에 계산해 보니 신축 주택을 짓는 것과 별반 차이가 없는 돈이 들어간 경우도 의외로 적지 않다. 여기에서는 나무집의 리모델링에 관해 간단한 조언을 해 보려한다. 원래 건설 회사에서 지어서 분양한 평범한 단독 주택을 나무집으로 리모델링하는 경우에는 먼저 바닥부터 손을 대자. 바닥을 원목 마루로 바꾸기만 해도 그 순간 나무집의 느낌이 나게 된다. 기존 바닥 위에 그대로 바닥재를 깔아도 상관없다. 만약 철거한다면 1평당 3만 원 정도의 비용이 들 것이고, 원목 마루는 1평당 20~40만 원 정도의 비용이 들기 때문에 3평(약 10제곱미터)이라면 약 70~130만 원 정도로 해결할 수 있다. 벽의 비닐 벽지를 벗기고 회반죽을 바를 경우에는 1제곱미터당 6만 원 정도가 든다. 3평짜리 공간에 벽의 면적이 24제곱미터라면 공사에 대략 150만 원이 든다는 계산이 나온다. 이렇게 바닥과 벽에만 손을 대도 실내 분위기는 완전히 달라진다.

주) 가격은 어디까지나 참고용으로, 중고 주택의 상태 등에 따라 달라진다.

사람들은 어디를 리모델링하고 있을까?

일반적으로 중고 주택을 구입한 사람이 제일 먼저 수리하는 곳은 주방과 욕실, 화장실 등 물을 사용하는 장소다. 집에서 가장 열화가 빠르게 진행되는 장소라서 우선적으로 수리할 필요가 있다. 전문가(설계 사무소, 공무점 등)에게 열화가 얼마나 진행되었는지 점검을 받자. 리모델링 비용은 최소 5,000만 원 정도라고 생각하자. 다음으로는 바닥을 벗겨 내고 바닥 밑을 확인하자. 특히 바닥을 지탱하고 있는 골조(멍에, 장선, 구조용 합판 등)가 손상되어 있는 경우가 많기 때문에 일단 바닥을 벗겨 내서 확인하는 편이 마음이 놓일 것이다. 리모델링 비용은 얼마나 손상되었느냐에 따라 다르지만 1평당 200만 원부터가 기준이다. 3평(약 10제곱미터)이라면 대략 600만 원이 시작이다. 벽이나 천장의 보수는 상황에 따라 다르지만, 천장판을 떼어내고 빗물이 샌 흔적이 없는지 확인하는 것이 중요하다. 그리고 천장판이 없어도 분위기가 괜찮아 보인다면 들보를 그대로 드러내는 것도 하나의 선택지다.

지진을 버텨낼 수 있는 집으로 만들려면?

중고 나무집을 찾을 때 주로 구조와 관련된 부분에서 조금 주의해야 할 점이 있다. 1995년 1월 17일에 효고 현 남부에서 한신·아와지 대지진이 발생했을 때, 수많은 가옥이 지진을 버티지 못하고 무너져서 커다란 피해가 발생했다. 그리고 이 경험에 대한 반성에서 건축 기준법(건축물을 지을 때의 기본 규칙)이 재검토되었다. 요컨대 이 기준 규칙이 재검토되기 이전에 지어진 집과 이후에 지어진 집은 같은 집처럼 보여도 그 속이 전혀 다르다는 말이다. 구체적으로 말하면, 한신·아와지 대지진 당시 심한 흔들림에 기둥이 빠져 버려서 집이 무너진 사례가 많았기 때문에 기둥이 빠지지 않도록 새로운 규칙이 만들어졌다. 또한 계산상으로는 내력벽이 충분한 건물이라도 내력벽이 한쪽에 편중되게 설치되어 있으면 전체의 균형이 무너져서 집이 쓰러지고 만다. 그래서 '내력벽을 균형 있게 배치한다'는 규칙도 만들어졌다. 이렇게 말하면 오래된 나무집은 가치가 없다고 생각하는 사람도 있을 것이다. 그러나 그 또한 오해다. 오래된 나무집도 '내진 보강 공사'를 통해 지진에 버티는 힘을 보완할 수 있기 때문이다. 국가가 정한 규칙에 따라 제대로 공사를 한다면 지진에 대비한 주택 성능을 높여서 안심하고 살 수 있는 안전한 집으로 만들 수 있다.

마음에 드는 중고 물건을 찾았다면 먼저 그 주택이 충분한 내진성을 갖추고 있는지 '내진 진단'을 실시하고, 만약 보강이 필요하다는 진단 결과가 나왔다면 내진 보강 공사를 검토하기 바란다. 내진 보강 공사는 앞에서 이야기한 리모델링 공사와 병행해서 진행하면 일석이조다. 기둥과 들보의 열화된(썩은) 부분을 보수하고 각각의 접합부를 보강하기만 해도 내진성이 비약적으로 향상된다. 내진 보강 공사 비용은 편차가 있지만, 30평 정도의 집일 경우 약 1,000~1,500만 원을 기준으로 생각하면 될 것이다.

4호 건축물은 주의가 필요하다!

그런데 사실 일본의 중고 주택에는 내진 문제보다 더 심각한 문제가 있다. 일명 '4호 건축물 문제'다. 갑자기 건축 전문 용어가 튀어나왔는데, 일반적으로 '2층 건물까지의 목조 건축물 중에서 바닥 면적이 200제곱미터(60.5평) 미만인 것'을 4호 건축물이라고 부른다.

이 4호 건축물에도 당연히 '건축 확인 신청'이라는 법률에 입각한 절차가 필요하다. 건축 확인에서는 수많은 항목을 확인하는데, 이 규모의 건물은 워낙 많은 수가 지어졌기 때문에 신청 업무가 정체되지 않도록 '건축사가 설계한 4호 건축물은 심사를 간략화해도 좋다'라는 예외 규정을 뒀다. 이것이 흔히 말하는 '4호 특례'다. 물론 설계자가 책임을 지고 설계를 했다면 이 특례 자체는 아무런 문제가 없다. 그러나 안타깝게도 설계만 했을 뿐 현장 감리까지 하지 않는 경우가 적지 않다. 오래전부터 경력을 쌓아 온 도편수 중에는 "건축 기준법? 내진 기준? 그게 뭐야?"라는 사람도 있다. 그런 목수들은 설계도를 무시하고 자신의 방식대로 집을 지어 버리기 때문에 중고 주택을 검사했을 때 깜짝 놀란 적이 한두 번이 아니다. 좋은 표현은 아니지만 무법지대라고나 할까…. 오래된 주택이라고 해서 전부 그렇지는 않고 제대로 지은 집도 많지만, 일단 '4호 건축물'은 주의하는 편이 좋다.

물론 '4호 건축물'에 그런 위험이 도사리고 있다고는 하지만, 철저히 검사해서 문제가 있는 경우에는 고치면 그만이니, 지레 겁부터 먹을 필요는 없다. 부디 좋은 중고 주택을 찾아서 리모델링을 통해 멋진 나무 집으로 변신시키기 바란다. 2021년 현재 일본의 빈집은 사상 최고인 800만 호 이상이다! 그 빈집들을 효과적으로 이용하지 않을 이유는 없다. 🌲

국내에서는 연면적 200㎡ 미만의 건축물을 '소규모 건축물'로 구분하여 구조안전 및 건설공사에 관해 완화 규정을 적용할 수 있다.

1. 구조안전(건축법 시행령 제32조 관련)
   건축사 날인이 가능한 구조 안전확인서 대상(소규모 건축물)
   – 층수가 2층 이하
   – 연면적이 200㎡ 미만인 건축물
   – 높이가 13m 미만인 건축물
   – 처마높이가 9m 미만인 건축물
   – 기둥과 기둥 사이의 거리가 10m 미만인 건축물
   → 소규모 건축물은 구조 안전확인서를 건축구조기술사가 아닌 건축사가 확인해도 된다.

2. 내진능력(건축법 제48조의 3 관련)
   – 건축물의 구조기준 등에 관련 규칙 제3조에서 정의하는 소규모 건축기준을 적용한 건축물은 내진능력을 공개하지 않아도 된다.

3. 건설공사(건축법 제25조 관련)
   – 연면적 200㎡를 초과하는 건축물의 시공은 건설 사업자가 해야 한다. 단 연 면적 200㎡ 이하인 허가받은 주거용 건축물은 건축주가 직영으로 공사해도 된다.

국내에도 200㎡ 미만 건축물에 대해서는 일본 4호 건축물과 유사한 법적 완화 규정이 있기 때문에 구조 검토 및 건설공사를 할 때는 전문가의 충분한 검토와 확인이 필요하다.

대타, 중고 목재

Old wood saves the day!

경년 변화를 통해서 생기는 적갈색이나 은회색 등의 자연스러운 색도 나무의 매력 중 하나라는 것은 이미 앞에서 이야기한 바 있다. 다만 이런 색으로 변하려면 상당한 시간이 필요하다. 그 시간을 기다리지 못하고 처음부터 경년 변화에 가까운 색의 도료를 칠해 버리는 사람들도 있지만, 이것은 절대 하지 말아야 할 행동이다. 처음 칠했을 때는 좋아 보여도 시간이 흐르면 색이 퇴색하거나 벗겨지면서 나무가 지닌 자연스러운 표정과는 전혀 다른 모습이 되어 버리기 때문이다. 그렇다면 시간이 없는 사람은 긴 세월이 만들어내는 나무의 분위기나 색을 포기할 수밖에 없는 것일까? 그렇지는 않다. 이미 오랫동안 사용되어서 깊은 맛을 내는 목재도 유통되고 있기 때문이다. '중고 목재' 또는 '앤티크 우드'라고 부르는 이 목재는 나무집의 분위기를 한층 강화시켜 준다.

중고 목재가 활약하는 곳

나무집의 어떤 곳에 중고 목재를 사용하면 좋은지, 대표적인 예를 몇 가지 살펴보자.

카운터

중고 목재판을 사용하면 존재감이 빛을 발한다. 주방의 카운터에 사용해도 좋고, 목수가 만든 캐비닛 위에 올려놓아도 좋다. 판이 벽에서 직접 튀어나오도록 만들어도 멋질 것이다.

문

실내의 문을 중고 목재로 만들면 집 전체의 인상이 더욱 강렬해진다. 경매를 통해 앤티크 도어를 구하는 것도 좋은 방법이다.

가구

앤티크 가구는 그 자체로 충분히 매력적이어서, 신축 주택의 새 방에 놓아도 빛을 발한다. 일상 도구들을 조금씩 모으며 갖춰 나가도 즐거울 것이다.

벽

어느 한쪽 벽에만 중고 목재판을 붙여도 재미있을지 모른다. 어디에 어떻게 붙일지는 여러분의 센스에 맡긴다.

테이블 · 의자

가령 선로에 사용되었던 침목을 4개 정도 가로로 늘어놓고 볼트로 고정시키면 테이블의 상판으로 사용할 수 있다. 울퉁불퉁한 부분은 샌드페이퍼 등으로 꼼꼼하게 다듬자. 다리는 목수에게 부탁하면 만들어 줄 것이다.

바닥

바닥이야말로 긴 세월을 겪어 온 나무의 분위기를 즐기기에 가장 적합한 곳이다. 세월의 흔적이 새겨진 나무 바닥이 방 전체에 시간의 깊이를 연출해 줄 것이다.

어렵지만 즐거운
중고 목재 구입

주택의 일부에 중고 목재를 사용하고 싶어도 그런 요구에 대응할 수 있는 공무점이나 설계 사무소는 한정되어 있는 것이 현실이다. '어디서 중고 목재를 매입해야 할지 알기 어렵기' 때문이다. 최근에는 인터넷에서 검색하면 중고 목재를 취급하는 사람들을 찾아낼 수 있기 때문에 '시주 지급施主支給*'이라는 방법을 추천한다. 시주 지급이란 건축주가 직접 중고 목재를 구입한 다음 시공 회사에 설치를 맡기는 방식을 가리킨다. 이 방법이라면 보물찾기를 하듯이 직접 자신의 마음에 드는 중고 목재를 찾아내는 즐거움을 맛볼 수 있다. 다만 구입한 중고 목재에서 결함이 발견되었을 때의 수리나 교환도 전부 직접 해야 하기 때문에 상당한 리스크가 따른다. 그러나 리스크를 감수할 만한 가치가 있는 매력적인 창이나 문, 가구 등이 인터넷 옥션에 출품되어 있는 경우도 많으니 한 번쯤은 둘러봐도 좋을 것이다.

*시주 지급 : 한국에서는 '지급 자재'라 말한다.

또한 어떤 방법으로 입수하든 자신의 눈으로 직접 확인한 다음에 구입을 결정하는 것이 중요하다. 인터넷에 올라온 사진만 보고 판단했다가는 낭패를 볼 수도 있음을 명심하기 바란다. 구입의 책임은 전부 자신에게 있다는 것을 잊지 말아야 한다. 다만 그렇다고는 해도 훌륭한 중고 목재를 발견하는 과정은 어렸을 적의 보물찾기가 떠오르는 즐거운 경험일 것이다. ♣

DIY에 중고 목재를 사용할 때

오즘은 어떤 분야에서든 소비자 보호가 기본이지만, 중고 목재의 품질은 자기 책임이다. 판매 회사에 따라서는 PL법(제조물책임법)에 의거해 보증을 받는 중고 목재를 판매하기도 하지만, 중고 목재의 품질을 공식적으로 보증하는 제도는 없는 것이 현실이다. 그러므로 기둥이나 들보 같은 집의 중요한 골조에는 중고 목재의 사용을 삼가는 편이 현명하다. 만약 중고 목재의 내부가 썩어 있어서 기둥이 부러진다 한들 누구에게도 책임을 물을 수 없기 때문이다.

"내가 자주 가는 카페는 들보에 목조 재료를 사용했던데…"라고 말하는 사람이 있을지도 모른다. 그런데 과연 그 들보는 정말 골조로 사용되고 있는 것일까? 그렇게 보일 뿐 실제로는 들보처럼 보이도록 설치한 장식인 경우가 대부분이다. 그 고풍스러운 분위기를 '장식으로서 활용하는' 것, 중고 목재를 이용할 때의 원칙은 바로 이것이다.

중고 목재의 출처는 일본의 오래된 민가에서 사용되었던 것이나 미국 같은 외국의 헛간에서 사용되었던 것 등 판매점마다 다양하다. 일본의 중고 목재 중에는 철도의 침목이나 전신주로 사용되었던(과거에는 통나무를 전신주로 사용했다) 것도 다수 유통되고 있다. 그중에서도 침목은 내부에 작은 돌이 박혀 있는 경우가 있어서, 절단할 때 원형 톱의 톱날이 돌에 부딪혀서 이가 빠질 위험이 있다. 또한 낡은 민가를 해체할 때 나온 목재에도 못이 깔끔하게 처리되지 않고 나무속에 녹슨 채 남아 있는 경우가 있다. 최근에는 DIY 열풍이 불면서 중고 목재의 인기가 높아졌는데, 이를 사용할 때는 특히 주의를 기울여야 한다. 🌲

내 집을
내 손으로 만든다?

Will I build my house
on my own?

'리노베이션'이라는 말을 들어 본 적이 있을 것이다. '수선 공사'라는 의미인데, 요즘 젊은이들 사이에서는 '자신의 손으로 중고 주택을 고쳐서 사는 것'이라는 의미로 통용되는 모양이다. 일본에서는 제2차 세계대전 이후 주택 정책이 대성공을 거둬 주택의 신축이 추진되었다. 그러나 고령화와 인구 감소 시대를 맞이하면서 전국적으로 빈집이 증가하고 있다. 통계에 따르면 일본에는 800만 호가 넘는 빈집이 있다고 한다. 그렇다면 굳이 새로 집을 지을 필요는 없지 않을까? 신축 주택을 지을 필요 없이 중고 주택을 구입해서 자신의 손으로 직접 나무집으로 변신시키는 것이다. 142페이지에서 설명한 내진 보강 공사까지는 어렵겠지만, 마감 공사라면 DIY로 해결 가능한 부분도 많다.

나무만큼
사용자 친화적인 재료는 없다

나무의 매력 중 하나는 누구나 손쉽게 가공할 수 있다는 점이다. 예전에 임업가와 함께 개최한 가족 대상 이벤트에서 가는 통나무를 준비하고 아이들에게 톱으로 통나무를 자르게 한 적이 있다. 이때 나는 작은 아이들이 열심히 통나무를 자르는 모습을 보고 '이런 작은 아이들도 즐겁게 자를 수 있는 건축 재료가 나무 말고 또 있을까?'라는 생각을 했다. 확실히 나무만큼 사용자 친화적인 건축 재료는 없다.

자신의 손으로 집을 짓고 싶어 하는 씩씩한 사람이라면 기초 공사나 전기 등의 설비 공사까지 직접 하는 것은 무리더라도 그 밖의 공사는 자신의 손으로 해낼 수 있다. 그것이 나무집의 대단한 점이다. 한편 '거기까지는 무리지만, 방 하나 정도는 내 손으로 바닥을 깔고 싶어'라고 생각하는 사람에게도 나무는 친절히 그 바람을 들어 줄 수 있는 재료다.

준비할 도구는 많지 않다. 일단 톱과 망치만 있으면 충분하다. 여기에 원형 전기톱과 전동 드라이버까지 갖추면 편하게 작업할 수 있다. 가장 중요한 재료인 목재는 어디에서 사야 할까? 가장 간편한 선택지는 홈센터지만, 근처에 제재소가 있다면 찾아가서 상담해도 좋다. 어쩌면 산주山主에게서 통나무를 직접 살 수 있을지도(!) 모른다.

어떤가? 여러분도 DIY(참고로, DIY는 Do It Yourself의 약자다)의 세계에 뛰어들어 보지 않겠는가? 자신의 나무집을 직접 짓는 즐거움이 여러분을 반겨 줄 것이다. 🌲

소량이라면 홈센터, 양이 많이 필요할 때는 목재 판매점 혹은 제재소에서 구입할 것을 권합니다. 목재의 커팅 등도 상담해 봅시다.

나무집도
의외로 비싸지 않지요?

그런데 금잔화 씨는
어디에서 자란 나무를 사용해서
나무집을 지을 생각이신가요?

네? 어디에서 자란 나무를 쓸 생각이냐고요?

그런 건 딱히 생각해 본 적이….

어디에서 자란 나무를 사용하느냐는

국가의 미래를 좌우하는 매우 중요한 문제랍니다.

제4화
기왕이면
국산 나무를 사용하자

episode.4

Might as well be
DOMESTIC

9명 중 6명이 외국인 선수?

6 out of 9
are from overseas.

야

구든 축구든 프로스포츠의 세계에서는 외국인 선수가 활약하고 있다. 또한 한 팀이 외국인 선수를 몇 명까지만 보유할 수 있다는 제한이 존재한다. 그런 제한을 두는 이유는 단순하게 '안 그러면 재미가 없으니까'가 아닐까 싶다. 돈다발을 풀어서 선수단을 외국인 선수로 가득 채운 팀이 우승한들 큰 인기는 얻지 못할 것이고, 대중들도 아마 싸늘한 눈으로 바라볼 것이기 때문이다.

그런데 현재 나무집이라는 팀을 구성하고 있는 목재는 대부분이 외국인 선수다. 특히 기둥이나 들보 같은 구조재는 북유럽, 러시아, 캐나다 등 외국에서 수입한 목재가 태반이다. 어째서일까? 그 이유 중 하나는 '구하기 쉬워서'다. 멀리 떨어져 있는 나라에서 배로 운반되어 오는 수입 목재가 국내의 나무보다 구하기 쉽다니 이해하기 힘든 이야기이지만…. 어쨌든, 우리나라의 집을 외국의 나무로 짓는 것은 왠지 '재미가 없다'는 생각이 들지 않는가?

100명 중 62명이 외국 출생

현재 일본에서 자국의 목재가 얼마나 사용되고 있는지를 나타내는 '목재 자급률'은 2020년 현재 38퍼센트다(한국의 목재 자급률은 2019년 현재 16.6퍼센트다-옮긴이). 60퍼센트가 넘는 목재가 수입품이라는 뜻인데, 이렇게까지 수입 목재가 늘어난 원인은 1950~1960년대부터 단계적으로 추진된 목재의 수입 자유화였다. 그리고 1964년에 목재의 수입이 전면적으로 자유화되면서 일본의 임업계는 '외국인 선수'가 급증하게 되었다.

일본의 경우 2000년 전에는 마감재(내장재, 가구재 등) 위주로 수입되었으며, 그 이후에는 내장재 및 구조재(중목구조), 외장재 등 다양하게 수입되어 유통되고 있다.

국내의 경우 목재 자급율이 16.6%(2019년)로 현저히 낮아 대부분의 건축용 목재를 수입목에 의존해야 하는 실정이다. 수입 목재는 대부분 제품이나 가공된 상태로 수입되어 유통되고 있다.

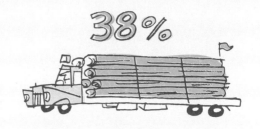

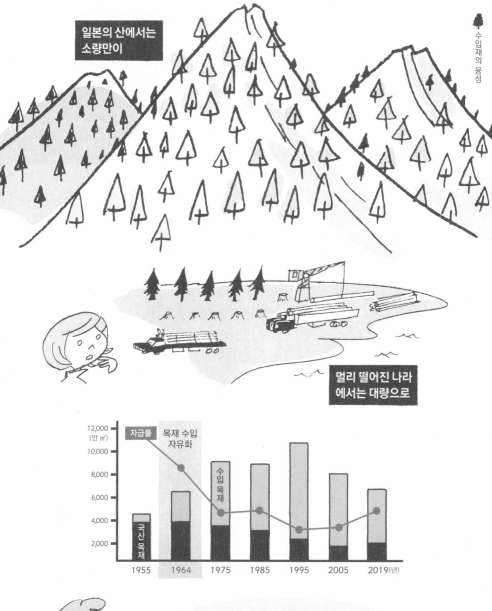

일본의 산에서는
소량만이

멀리 떨어진 나라
에서는 대량으로

12,000
(만 ㎥)

자급률   목재 수입
자유화

10,000

8,000

수입
목재

6,000

국산
목재

4,000

2,000

1955   1964   1975   1985   1995   2005   2019(년)

일본의 목재 소비 중 약 절반을 차지하는 것은 제지용 펄
프입니다. **건축용 목재**로 한정하면 자급률은 **13퍼센트**
정도이지요. 자급률이 회복되고 있다지만 건축에 사
용하는 양은 늘어나지 않고 있습니다.

외국인 선수 제한을 없앤 이유

왜 '외국인 선수 제한'을 폐지하고 목재의 수입을 자유화했던 것일까? 그것은 일본의 나무만으로는 지금으로부터 60여 년 전에 전쟁으로 잿더미가 된 일본의 **부흥에 필요한 자재**를 충당할 수 없었기 때문이다. ◤

바꿔 말하면, 일본의 부흥 열기가 뜨거웠던 까닭에 정상적으로 경기를 치르기 위해서는 '외국인 선수'를 데려와야 했던 것이다.

제2차 세계대전 이후 심은 나무의 면적은 무려 400만 헥타르! 이것을 '전후의 확대 조림'이라고 부르며, 현재 사용하기 좋은 크기의 나무로 성장했다. 이것을 사용하지 않을 이유가 없는 것이다.

주전 경쟁에서 밀린
국내 선수들

목재의 수입이 자유화된 초기에는 일시적으로 급등했던 부흥 수요가 진정되면 다
시 '국내 선수'가 대활약할 것이라 생각했다. 그러나 실제로는 그 후에도 외국인
선수에 의존하는 경향이 변하지 않고 있다. 국내 선수에게는 주전 경쟁에서 불리
하게 작용하는 너무나도 **치명적인 핸디캡**이 있었던 것이다.

[핸디캡 ①]

토지의 소유권이 복잡하다

국내의 산은 어느 한 개인의 소유물이 아닌 경우가 대부분이다. 산 하나를 여
러 명이 소유하고 있는 경우가 압도적으로 많은데, 이렇게 되면 산의 높은 곳
에서 자른 나무를 기슭까지 운반할 때 복수의 토지 소유권자에게 허가를 얻어
야 한다. 권리문제를 해결하는 것만으로도 체력이 소모되어 버리는 것이다.

목재는 이미 국제 상품이 되었
습니다. 지구 온난화를 방지하
기 위한 이산화탄소 감축에 크
게 공헌하는 자원으로서 가격
이 급격히 상승하고 있지요.

[핸디캡 ②]
지형이 좋지 않다

국산 나무는 주로 산에서 자라고 있지만 외국의 나무는 평지에서 자란다. 벌채 작업을 생각하면 외국이 훨씬 편하고 효율적이며 비용도 적게 들 수밖에 없다. 국내 선수의 배트는 너무 무거운 것이다.

[그 결과…]
공급 시스템 취약

나무 100그루가 필요하다고 생각했을 때 즉시 한꺼번에 손에 넣을 수 있다면 주문자는 흔쾌히 대금을 지급할 것이다. 그러나 여기에서 10그루, 저기에서 30그루와 같은 식으로 나무가 들어온다면 시간도 걸릴 뿐만 아니라 언제까지 기다려야 할지 불안감을 느낄 수밖에 없다. 개중에는 화가 나서 상담商談 테이블을 뒤엎어 버리는 사람이 나올지도 모른다. 수입 목재의 경우는 수입하는 상사商社의 노력 등으로 원활한 공급 시스템이 확립되어 있지만, 국산 목재는 토지 소유권과 지형이라는 핸디캡이 발목을 잡아서 아직도 원활한 공급 체제가 확립되어 있지 않다.

지금의 감독들은 국내 선수를 본 적이 없다?

사실은 나무에 대한 가치관 변화도 국산 목재가 쇠퇴하는 데 큰 영향을 끼쳤다.
본래 일본에는 **아름다운 나뭇결**을 동경하고 집착하는 문화가
있었다. '아름다운 정목(곧은결) 나무'는 그야말
로 보석을 사고팔듯이 거래되었다.

"정성을 들여서 가치가 높은 나무를 키우자."

"오오, 아름다운 정목이구먼."
"그렇지요?"

"나무는 땅에 심으면 알아서 자라는 거잖아?"

저렴한 가격에
대량 공급

전부 똑같다…

"뭐, 굳이 정목일 필요는…."

그러나 지금은 '나무는 다 똑같은 거 아니야?'라고 생각하는 사람이 많아졌다. 집을 '최대한 싸게 사고 싶다'라고 바라는 사람에게 곧은결 목재가 얼마나 대단한지 이야기한들 쉽게 이해하지 못한다. 애초에 지금의 젊은 건축주(감독)는 '국내 선수'의 플레이를 본 적조차 없는지도 모른다. 그런 까닭에 국내의 나무집은 아직도 수입 목재로부터 벗어나지 못하는 것이다.

헷갈리는
수입 목재의 명칭

술집에서 시샤모(유엽어)를 안주 삼아 한잔 하는 시간은 술을 좋아하는 사람에게 무엇과도 바꾸기 힘든 행복한 순간이라고 할 수 있다. 그런데 현재 시샤모를 주문했을 때 나오는 생선 대부분은 본래의 시샤모와는 다른 종인 알래스카산 열빙어라고 한다. 그리고 이런 사례는 사실 목재에도 상당히 많다. 특히 수입 목재의 명칭 중에는 고유의 국내산 나무와 혼동을 일으키게 하는 것이 많다.

수입 목재의 대표라고 하면 미국 소나무, 미국 솔송나무, 미국 나한백 등이 있는데 국내의 소나무, 솔송나무, 나한백과 닮았다고 해서 그렇게 부르게 되었다고 한다. 엄밀히 말하면 이 나무들은 국산 종과는 조금 다르며, 미국 나한백의 경우 나한백이 아닌 측백나무에 더 가깝다고 한다.

레드시다라는 나무는 미국 삼나무라고도 불리지만, 이것 역시 실제로는 삼나무의 친척이 아니라 측백나무과 눈측백속의 나무다. 이런 이름이 붙은 데는 '유통 과정에서 그렇게 부르던 것이 일반 명칭으로 굳어져 버렸다'라든가 '레드시다라는 영어 이름보다 국산 나무를 연상시키는 미국 삼나무라고 부르는 편이 더 잘 팔린다' 같은 복잡한 사정이 있는 모양이다.

원목재 바닥이나 가구에 사용되는 소나무재도 대부분은 구주소나무라는 북유럽산 나무로, 국산 소나무와는 다르다. 게다가 소나무재는 그 정의조차 모호해서 캐나다산 목재나 미국산 대왕소나무 등도 전부 '소나무'로 표기되며, 'SPF'라고 표기되는 목재의 경우 '가문비나무Spruce'와 '소나무Pine'와 '전나무Fir'의 머리글자를 합친 것이다. 같은 나무라도 나뭇결에 따라 다른 명칭으로 불렀던 옛날 감성과는 거리가 먼, 참으로 지조 없는 작명법이라는 생각이 든다. 🌲

나무를 심는 사람보다 나무를 마구 베어내는 사람이 필요하다

A man in need is not
who planted trees but who fells them.

"**삼**림 벌채, 얼마든지 하십시오. 이곳저곳에 있는 나무란 나무들은 모조리 베어 버리자고요!" 이런 말을 했다가는 "너는 사람들한테 환경을 파괴하라고 부추기는 거냐!"라며 화를 내는 사람이 있을지도 모른다. 그러나 잠깐 진정하기 바란다. 적어도 우리의 산들은 대부분 지금 빨리 벌채를 하지 않으면 돌이킬 수 없는 사태를 맞이할 수 있는 상황에 몰려 있다. 과일에 수확기가 있듯이 나무에도 벌채 시기가 있다. 제2차 세계대전 이후 정부는 국가의 부흥에 필요한 자재를 급히 확보하는 동시에 삼림 조성에도 힘을 쏟도록 지시했다. 그리고 당시 심었던 묘목이 이제 훌륭한 나무로 성장해 벌채 시기를 맞이하고 있다. 그럼에도 목재의 자급률은 30퍼센트대에 불과하며 대부분이 수요가 없어 방치되고 있다. 이런 상태가 계속된다면 우리나라의 산은 조만간 황폐해져 갈 것이다. 지금은 나무를 심는 사람보다 나무를 마구 베어내는 사람이 필요하다.

█ 나무를 베어낸다는 것

나무집 짓기는 벌채한 나무가 쓰러지는 소리를 신호로 시작된다. 잘린 나무는 적절한 가공을 거치면서 나무집의 완성을 향해 나아간다. 곧게 자란 침엽수는 기둥이나 들보가, 옹이가 잔뜩 있는 나무는 판자 등의 2차 제품이, 약간 굽은 활엽수는 바닥용 판 등이 된다. 이처럼 각각의 나무가 몸단장을 하면서 **집의 일부가 되어 가는** 것이다. 다만 나무를 베어내는 것의 의미는 이것만이 아니다.

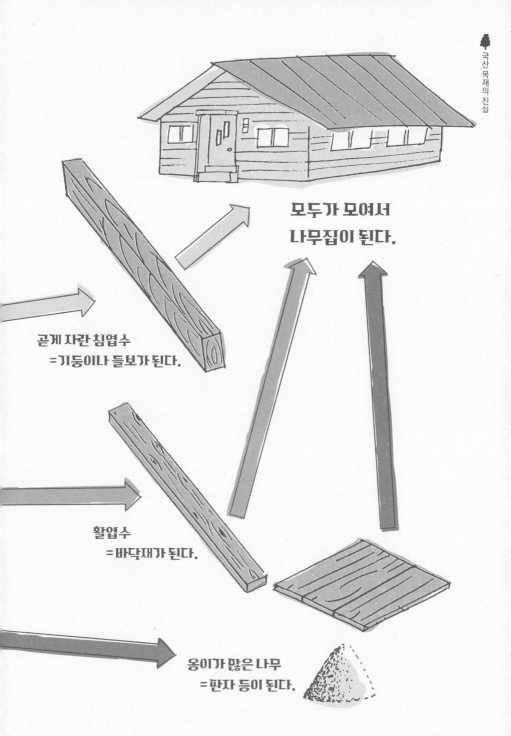

곧게 자란 침엽수
=기둥이나 들보가 된다.

활엽수
=바닥재가 된다.

옹이가 많은 나무
=판자 등이 된다.

모두가 모여서
나무집이 된다.

▌나무를 베어내지 않는다는 것

나무를 베어낸다는 행위는 그 자체로 국토의 보전에 공헌한다. 만약 나무를 베어내지 않으면 산은 약해지고, 산기슭의 마을 풍경은 크게 달라질 것이다. 수자원이 고갈되고, 언덕은 무너지고, 토사가 하류로 쓸려 내려가는 것은 **산이 약해져 가기 때문이다.**

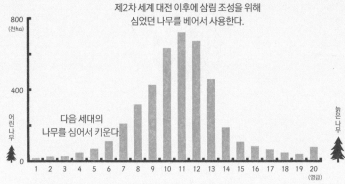

제2차 세계 대전 이후에 삼림 조성을 위해
심었던 나무를 베어서 사용한다.

어린나무 → 늙은나무

다음 세대의
나무를 심어서 키운다.

(천ha) 800 / 400 / 0

1 2 3 4 5 6 7 8 9 10 11 12 13 14 15 16 17 18 19 20 (영급)

※ 영급齡級은 나무의 나이를 5년 간격으로 묶은 단위. 묘목을 심은 나이를 1년생으로 치고,
1~5년생을 '1영급'으로 센다.
※ 자료: 임야청《삼림 자원의 현황》(2017년 3월 31일 기준)

위의 그래프는 일본에 있는 삼나무 인공림의 면적을 나타낸 것이다. 제2차 세계대전 이후에 삼림 조성을 위해 심었던 나무를 베어서 사용하고 다음 세대의 나무를 심는 것이 중요해지고 있다. (한국의 경우, 2020년 산림기본통계에 따르면 수령 31년 이상의 나무가 차지하는 비율은 82퍼센트, 41년 이상의 나무가 차지하는 비율은 41퍼센트다–옮긴이)

▌산은 이렇게 해서 약해진다

산이 약해지는 메커니즘은 이렇다. 본래 베어 버려야 할 나무가 그대로 방치되어서 나무가 **빽빽**해지면 햇빛이 뿌리 부분까지 닿지 않게 된다. 그 결과 나무는 **만족스럽게 성장하지 못하게** 되어 뿌리가 가늘어지며, 흙을 꽉 붙잡는 힘도 약해진다. 또한 나무 밑에 풀도 자라지 않기 때문에 토양의 영양분도 고갈된다. 이렇게 약해진 산은 산사태 등의 토사 재해를 억제할 힘을 잃기 때문에 그저 폭풍우가 오지 않기를 두 손 모아 기도하는 수밖에 없어진다.

국토의 붕괴

보수력(保水力)의 붕괴

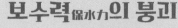

산은 나무가 건강하게 자라고 있을 때 물을 저장하는 능력을 유지한다. 만약 산의 나무를 베지 않고 방치하면 산은 '건강'을 잃게 되고, 그 결과 사소한 계기로도 토사가 유출되기 쉬워진다.

먹이 사슬의 붕괴

산이 '건강'을 잃으면 당연히 생태계도 변하기 시작한다. 동물 등의 생활 터전이 위협받게 되는 것이다.

나무는 60년, 80년, 100년의 단위로 벌채 시기를 맞이한다고 알려져 있습니다. 제2차 세계대전 이후에 심은 나무는 바로 지금이 벌채 시기이지요. 하지만 아무리 베어내고 싶어도 **적당한 가격에 구입해 줄 사람**이 없다면 산에서 전기톱 소리는 들리지 않을 것입니다.

산속은 어두컴컴…

간벌재는 우등생

산의 '건강 유지'에 기여하고 있는 작업으로 간벌이 있다. 간벌이란 최종적으로 벌채할 나무가 더 잘 자랄 수 있도록 주위의 나무를 단계적으로 솎아내는 작업이다. 오해하는 사람이 많은데, 간벌 작업을 통해서 벌채하는 나무는 **불량품이 아니다**. 어린 나무이기에 굵기는 다소 가늘지도 모르지만, 훌륭하게 자라고 있는 나무를 이른 시기에 베어냈을 뿐 이다. 생육 과정에서 부러지거나 굽은 나무(진짜 불량품)를 베어내는 작업은 간벌이 아니 라 '제벌除伐'이라고 한다. 간벌재는 멀쩡하고 우수한 나무이므로 안심하고 사용할 수 있 다. 이 점은 오해하지 않았으면 한다.

▌국산 나무로 집을 지으면…

'나무를 베어낸다'는 것은 '나무를 사용한다'는 의미다. 그렇게 얻은 돈으로 다음 세대의 숲을 키워 가는 것이 중요하다. 우리나라의 산을 민둥산으로 만들어서는 안 된다. 만약 국산 나무로 집을 짓는 사람이 한 명이라도 더 늘어난다면 우리의 산은 **본래의 바람직한 모습**을 되찾아 갈 것이다.

나무집에서 중요한 것은 전부
비버가 가르쳐 준다

비 버라는 동물을 알고 있을 것이다. 강가의 나무를 갉아서 쓰러 뜨리거나 시들어서 떨어진 나뭇가지를 주워서 강에 댐을 짓고 둥지를 만드는, 쥐와 닮았지만 사랑스러운 눈매를 가진 포유류다. 비버 는 가급적 근처에 있는 나무를 사용해서 둥지를 만든다. 캐나다에 사는 비버가 러시아까지 가서 나뭇가지를 주워 오지는 않는다. "그건 당연 한 거 아니야?"라며 코웃음을 치는 사람이 많을 것이다. 그렇다면 왜 인간은 굳이 멀리 떨어진 곳에서 자라고 있는 나무로 집을 짓는 것일 까?

국내에 수입 목재가 급증한 경위는 174페이지에서 이야기한 대로지만, 수입 목재를 사용해서 집을 짓는 것이 당연해진 배경에는 '내 집을 내 손으로 짓지 않게 되었기 때문'이라는 이유도 있다는 생각이 든다. 물론 자신의 손으로 나무를 베어 와서 집을 지어야 한다는 이야기가 아니다. 분양 주택을 사는 경우는 말할 것도 없고, 주문 주택의 경우도 건축주에게 주체성이 없으면 자신의 집에 어느 나라의 나무가 사용되고 있는지 관심을 갖는 경우는 거의 없다. 국산 나무로 짓든 외국의 나무로 짓든 완성만 된다면 다 같은 집이기에….

운반 거리를 생각해 보자

'푸드 마일리지'라는 말이 있다. 슈퍼마켓 등에 진열되어 있는 식품이 매장에 도착하기까지 어느 정도의 거리를 이동했는지 보여주는 새로운 환경 보호 개념이다. 이와 마찬가지로 나무 한 그루가 외국에서 우리나라에 도착하기까지의 거리와 이동하는 동안 사용된 화석 연료, 배출된 이산화탄소를 생각해 보자는 발상을 '우드 마일리지'라고 한다. 집 한

채를 짓기 위해 굳이 수천 킬로미터, 수만 킬로미터 떨어진 곳에서 통나무를 가져올 필요 없이 근처에서 자라는 나무를 사용하면 되지 않느냐는 지극히 심플한 발상이다. 만약 여러분이 이 생각에 공감한다면 나무집을 짓기로 결정했을 때 담당 설계자에게 이렇게 말했으면 한다. "가급적 가까운 곳에서 자란 나무를 사용하고 싶은데요." 내 집은 내가 짓는다. 비버를 흉내 내면 틀림없이 멋진 나무집이 완성될 것이다. ♣

소시지도
고기다

Sausages are meat too.

소시지의 기원에 관해서는 양의 내장에 고기를 채워서 건조시킨 몽골 유목민의 보존식에서 유래했다는 설이 있다. 보통 고기라고 하면 정육점에 진열되어 있는 뼈를 발라낸 고기를 떠올리지만, 소시지도 엄연한 고기의 일종이다. 그래서 정육점에 진열되어 있는 것이다. 산에서 자라고 있는 나무를 벌채하고 잘라서 그대로 사용하는 것을 '원목재'라고 한다. 이는 뼈를 발라낸 고기에 해당한다. 한편 원목재로 팔기에는 이런저런 문제가 있는 나무에서 썩은 부분 등을 제거하고 가공한 다음 접착제로 굳힌 것은 '집성재', '합판' 등으로 부른다. 이런 목재는 소시지와 비슷하다. 양쪽 모두 나무지만, '자연파'인 사람들은 접착제를 사용해야 하는 집성재 등을 외면하는 경향이 있다. "원목재만을 사용해서 만들어야 진짜 나무집이지"라고 말하는 사람들도 있다. 그런데 정말 그럴까?

원목재 뼈를 발라낸 고기

산에서 베어낸 통나무를 적당한 크기로 잘라서 그대로 사각 막대 모양의
기둥 또는 들보로 사용하거나 판 모양의 바닥재 또는 벽재로 가공한 것을
원목재라고 한다. 다른 것이 섞이지 않은 순도 100퍼센트의 나무다.

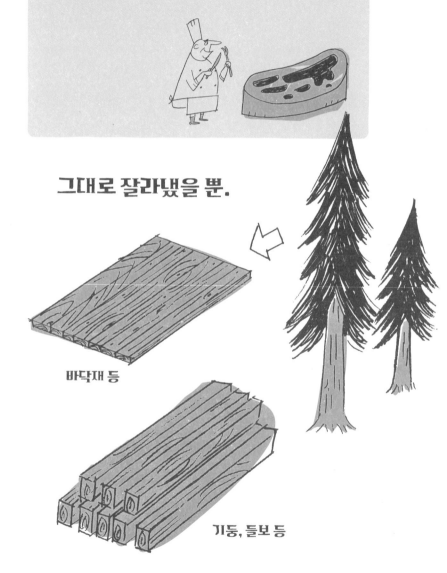

그대로 잘라냈을 뿐.

바닥재 등

기둥, 들보 등

공학 목재 소시지

벌채된 나무 중에는 상태가 좋은 것도 있고 나쁜 것도 있다. 특히 관리를 소홀히 한 산의 나무는 옹이가 많은 탓에 그대로 사용하기에는 어려움이 따른다. 그런 나무 중에서 쓸 만한 부분을 모아 접착제로 붙인 것을 총칭해 공학 목재engineering wood라고 한다. 원목재로는 사용할 수 없었던 나무를 사용할 수 있게 했다는 것이 장점이다.

다양하게 가공한다.

합판 등

기둥이나 들보에 사용되는 '집성재' 와 'LVL'

공학 목재 중에서도 기둥이나 들보로 사용되는 것이 '집성재(글루램Glulam : Glued Laminated Timber)'와 'LVLLaminated Veneer Lumber(단판적층재)'이다. 양쪽 모두 나무의 섬유가 같은 방향을 향하도록 모아서 접착제로 붙인다. '집성재'와 'LVL'의 차이는 붙이는 나무의 두께다.

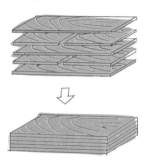

벽이나 바닥에 사용되는 '합판', 'CLT', 'MDF'

판 모양으로 가공하는 공학 목재의 대표는 '합판'과 'CLT', 'MDF'다. 합판은 나무의 섬유가 서로 다른 방향을 향하도록 얇은 판을 붙여서 벽이나 바닥의 기초로 사용한다. MDFMedium Density Fiberboard(중밀도 섬유판)는 나무를 칩 형태로 분쇄해서 접착제로 굳힌 것이다. 폐자재를 재이용할 때 유용하며, 저렴한 수납장 등에 많이 사용된다. CLTCross Laminated Timber(구조용 집성판)는 두께가 3센티미터 정도인 나무를 섬유가 서로 다른 방향을 향하도록 붙인 튼튼한 목재로, 주요 구조의 부재로 사용된다.

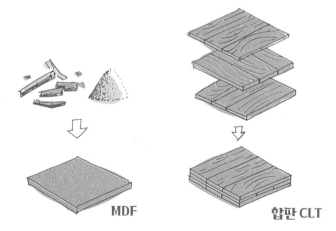

MDF

합판 CLT

집성재 들보를 사용하면 기둥이 적은 **넓은 공간**도 만들 수 있지요.

집성재는 원포인트 릴리프로

나무집에 집성재를 사용할 때는 '필요한 장소에 적절히 사용한다'를 원칙으로 삼자. 집성재를 사용하면 원목재를 사용할 때는 거의 실현이 불가능한 크기나 길이의 나무를 마련할 수 있다. 가령 구조상 기둥과 기둥 사이의 거리가 넓거나(대체로 4미터 이상) 들보 위에 2층의 기둥을 올려야 해서 원목재 들보로는 도저히 지탱할 수 없는 상황이라면 집성재가 등장할 차례다. 원목재보다 강도가 높은 집성재를 사용하면 같은 크기라 해도 들보가 휘어질 걱정은 없다.

새 집 증후군과 나무집의
미묘한 관계

새 집 증후군이 사회적으로 큰 문제가 된 지도 벌써 30년 가까운 세월이 흘렀다. 주거와 건강의 관계는 매우 중요한 문제이므로 이 기회에 정리하고 넘어가려 한다. 새 집 증후군은 건물의 재료에 포함되어 있었던 화학 물질이 인간의 신체에 악영향을 끼침으로써 발생한다. 여기에서 말하는 화학 물질이란 주로 목재의 살충이나 부패 방지, 곰팡이 방지를 목적으로 한 약제에 들어 있는 성분을 가리키며, 합판 등을 붙일 때 사용하는 접착제도 포함된다. 가령 외국에서 수입하는 목재는 긴 시간에 걸쳐 운반되는데, 그 사이에 벌레에게 갉아 먹히거나 곰팡이가 생기지 않도록 약제를 사용하는 경우가 대부분이다. 약제 처리된 목재는 긴 여행을 마친 뒤에도 기대했던 품질을 유지하지만, 이것을 돕는 화학 물질이나 합판 등의 접착제에 들어 있는 유해 물질이 휘발해 실내에 가득 차면 심각한 건강 피해가 유발되기도 한다. 이것이 새 집 증후군의 요인 중 하나로, 건설되는 주택의 수가 증가하던 약 30년 전부터 이런 보고가 잇따르기 시작했다. 또한 비닐 벽지를 붙일 때 사용하는 접착제에 독성을 띤 곰팡이 방지제가 들어 있었던 적도 있다.

아이러니하게도 쾌적한 생활을 약속해 주리라 믿었던 새 집이 무서운

독을 뿌리고 있었던 것이다. 현재는 사용하는 약제를 독성이 적은 것으

로 바꿨기 때문에 예전과 같은 건강 피해는 거의 보고되지 않고 있다.

다만 어떤 물질이 새 집 증후군을 유발하는지는 사람마다 다른 까닭에

모두가 안심하고 살 수 있는, '새 집 증후군으로부터 완전히 자유로운'

집은 안타깝지만 존재하지 않는다. 이는 자연 소재를 많이 사용한 나무

집이라고 해도 예외가 아니다. 믿기 힘든 이야기지만 독성이 있다고 여

겨지는 화학 물질에는 전혀 영향을 받지 않는데 목재에서 나오는 천연 정유 성분에 알레르기 반응을 보이는 사람도 있기 때문이다. 이처럼 개인차도 존재하기 때문에 접착제를 사용해서 만드는 집성재나 합판의 사용을 완전히 부정할 필요는 없다고 생각한다. 193페이지에서 이야기했듯이 집성재는 원목재에 비해 강도의 측면에서 우월한 까닭에 집성재를 사용하면 기둥이 적은 개방적인 방 구조를 실현할 수 있다. 합판이나 MDF 같은 공학 목재도 그대로는 쓸 수 없는 옹이투성이의 나무를 효과적으로 이용할 수 있다는 측면에서는 꼭 필요한 존재다. 나무 집이라고 해서 "반드시 원목재만 써야 해!"라고 고집하지 말고 좀 더 편하게 생각해도 되지 않을까?

화학 물질을 최소한으로만 사용해서 나무집을 지으면 확률적으로는 새 집 증후군의 위험을 최대한 줄일 수 있다. 다만 공학 목재를 사용해서 더욱 넉넉한 공간을 실현할 수 있다면 그것도 고려할 만한 선택지가 아닐까? '공학 목재도 나무'이기 때문이다. 🌲

기왕이면
좋은 나무집에서
살고 싶다!

Might as well live in a
GOOD wooden house !

지금까지 나무집이 훌륭한 점을 다양한 관점에서 이야기했다. 그러면 다시 한번 질문하겠다. '좋은 나무집'이란 어떤 집일까? 물론 숲을 생각하며 지은 나무집은 전부 훌륭한 집이라고 생각한다. 그곳에서는 나무의 촉감과 향기에 둘러싸인 풍요로운 생활이 여러분을 기다리고 있다. 나무집에서 생활함으로써 여러분은 나무집을 점점 더 좋아하게 될 것이다. 사랑받는 집, 진심으로 '나는 이 집이 정말 좋아!'라는 생각이 드는 집이 좋은 집임에 틀림이 없다. 다만 여기에서 한 발 더 나아가 "좋은 목재로 만든 집이 좋은 나무집이다"라는 것을 여러분에게 전하고 싶다. '좋은 나무'라고 하면 여러분은 정성껏 키워서 옹이가 없고 곧게 자란 나무를 떠올리겠지만, 그것만으로는 '좋은 목재'가 되지 않는다. '좋은 목재'를 만드는 것은 좋은 나무집을 실현하기 위해 매우 중요한 일이다.

목재의 강도와 질을 결정하는 것

나무의 강도는 명확한 기준에 따라 결정된다. 이것을 알면 틀림없이 안심하고 살 수 있는 튼튼한 나무집을 지을 수 있다.

■ 영 계수 [나무의 품질 ①]

물건의 강도를 나타내는 지표로, 외부에서 힘을 가했을 때 잘 변형되지 않는 정도(잘 휘어지지 않는 정도)를 수치화한 것을 영 계수라고 한다. E50, E70 등 단위 'E'로 나타낸다.

함수율

가령 들보로 사용하는 나무가 하중을 견디지 못하고 휘어진다면 바닥이 휘어지거나 창문 또는 문이 잘 열리지 않게 된다. 요컨대 나무의 강도는 집 전체에서 매우 중요한 요소라고 할 수 있다. 편백나무나 소나무 등 수종을 보면 대략적인 영 계수를 알 수 있지만 하나하나 확실히 계측해서 알아 두는 것이 바람직하다.

■ 함수율과 건조 [나무의 품질 ②]

나무가 내부에 머금고 있는 수분의 비율을 함수율이라고 한다. 산에서 자란 나무의 함수율은 많을 경우 200퍼센트나 된다. 이런 나무를 집짓기에 사용하려면 충분히 건조시켜서 15퍼센트 정도까지 함수율을 낮춰야 한다. 물기가 많은 나무로 집을 지으면 완성된 뒤에 건조가 진행되어 나무의 길이나 굵기가 수축되기 때문에 골조 전체에 악영향을 끼친다.

■ JAS 규격 [나무의 품질을 결정하는 것]

JAS 규격에는 식품의 성분 등에 대한 기준뿐만 아니라 목재의 기준도 있다. JAS에서는 영 계수나 함수율에 관해 미리 등급을 수치화해 놓았다. 이 기준을 통과한 것을 'JAS 목재'라고 부르는데, 안타깝게도 시장에서 유통되는 JAS 목재는 그리 많지 않다. JAS 목재를 출하하기 위한 절차와 비용이 발목을 잡고 있어서 인증 공장이 좀처럼 늘고 있지 않기 때문이다. 그러나 나무집을 짓기로 마음먹었다면 품질이 보증된 목재를 사용하고 싶은 것이 사람의 심리다. 유통량이 적은 현재의 상황을 해결하려면 사용자도 목소리를 높여 요구하는 것이 필요하다(국내 목재 제품의 규격과 품질 기준은 "목재의 지속가능한 이용에 관한 법률"로 규정하고 있으며, 목재법에서 산림청장이 고시하도록 되어 있다).

영 계수

JAS 마크

생선을 평생에
딱 한 번만 먹을 수 있다면

생선보다는 육류를 더 좋아하는 사람도 만약 평생 생선을 딱 한 번만 먹을 수 있다고 하면 깊은 고민에 빠질 것이다. "역시 고급 참치 뱃살을 회로 먹는 게 좋겠어"라는 사람도 있을 것이고, "아니, 생선 하면 역시 참돔이지. 나는 참돔 소금구이를 먹겠어"라는 사람도 있을 것이다. 개중에는 "숯불에 구운 고등어를 먹고 싶어"라고 하는 서민파도 있을지 모른다. 어쨌든 단 한 번의 기회밖에 없다면 고민에 고민을 거듭할 것이다.

집짓기도 대부분의 사람에게는 일생에 단 한 번뿐인 대형 이벤트다. 이 책에서는 지금까지 나무라는 생물에 관한 지식, 나무를 다루는 사람들의 지혜, 국산 나무를 둘러싼 여러 가지 문제 등 나무집에 흥미가 있는

사람들이 꼭 알고 있었으면 하는 사항을 이야기했다. 이런 사항들을 염두에 두면서 어떤 나무를 사용해 어떤 나무집을 지을지 생각하는 것은 바로 여러분의 몫이다.

다만 기억해 뒀으면 하는 것이 있다. 나무집을 짓는 것은 평생에 딱 한 번만 먹을 수 있는 생선을 음미하는 것과 같다는 사실이다. 비용이나 유통 사정도 고려해야겠지만, 가능하다면 최고의 나무를 사용해 최고의 집을 짓겠다는 목표를 세우자. 그리고 그 목표를 위해 '나무에 관해서 곰곰이 생각해 보는' 시간을 소중히 여겼으면 한다. 자신도 모르는 사이에 '맛없는 생선'을 먹게 되는 일이 없게 되기를 기원한다. 독자 여러분이 좋은 나무집에서 살게 되기를! 🌲

독일로 이사를 갔던
더글라스 씨가 30년 만에
저희 집을 찾아오셨습니다.

바닥, 천장,
데크 테라스, 외벽…

더글라스 씨는 마치 친자식을
바라보는 듯한 눈빛으로 저희 집을
여기저기 둘러보셨습니다.

그리고 떠나기 전에

이렇게 말씀하셨습니다.

"이제는 당신의 차례입니다."

고마워요,
더글라스 씨!

무슨 일이신가요?

저는 **홍자단**이라고
해요… 아, 그게,
○※△□해서…

FiN

나무집에 살아 볼까?

태초에 인간이 공동체 생활을 시작하면서 정착을 위해 집을 지어 살게 되었다. 집을 짓는 재료로는 돌, 흙, 나무 등의 자연에서 쉽게 얻을 수 있는 것들을 사용하였는데, 그중 나무는 오랜 기간 그 중심에 있었다. 나무는 특히 그 물성이 잘 드러나는 형태로 가공되어 사용되었다.

유연하고 단단함을 모두 지니고 있는 나무는 집을 짓는 용도뿐만 아니라 선박이나 가구는 물론 정밀한 소리를 조정하는 악기를 만들 때도 사용한다. 이처럼 나무는 천연자원이면서 사람과 매우 친숙한 재료이다.

《나무집에서 살자》는 동화 형식을 빌어 목조주택에 대한 전반적인 내용을 이해하기 쉽게 서술한 책이다. 엄마와 딸이 이야기하듯이 전개되어 책장을 넘기면서 목조주택의 흥미로움과 우수함을 알기 쉽게 설명하고 있다. 책을 다 읽고 나면 나무집의 특징부터 나무의 물성 및 장단점에 대해 쉽게 이해할 수 있어 목조주택에 대해 좀 더 친근하게 접근할 수 있을 것이다.

단독주택의 강점은 마당을 가질 수 있다는 점이다. 또한 외부와의 관계를 내부공간 설계에 반영해 더욱 풍부하게 디자인할 수 있다는 것도 공동주택과는 차별화된 장점이라 할 수 있다.

목조주택은 부드러움과 건강한 소재라는 특징을 지닌 목재를 사용해서 지은 주택이다. 숲에서 자란 나무는 건축자재로 사용하기 위해 베어서 건조한 다음에도 피톤치드를 배출한다. 또한 조습 작용을 통해 실내의 습도를 조절하는 기능도 한다. 뿐만 아니라 목구조로 사용해 지을 경우 재료 자체가 드러나는 인테리어 요소로도 활용할 수 있는 좋은 소재이기도 하다.

이 책에서는 나무와 어울리는 가구와 내부 인테리어 방법 등 세세한 부분에 이르기까지 취향에 따라 그 분위기를 연출할 수 있는 방법이 그림과 함께 잘 표현되어 있다. 또한 나무집이기에 우려할 수 있는 지진이나 화재 같은 재료적인 특성으로 인해 발생할 수 있는 문제에 대해서도 명쾌하게 검증하였고, 나무 물성에 대한 임산공학적 내용까지 쉽고 상세하게 설명했기 때문에 나무에 대한 기본 지식을 채우기에도 충분하다.

일본은 목조주택이 매우 많은 나라다. 지진이 잦은 나라임에도 목조주택이 많은 이유는 목구조가 오히려 지진에 유리하다는 것을 여러 임상실험을 통해 확인했기 때문이다. 국내에서도 목재로 단독주택을 짓는 경우가 늘어나고 있다. 우리도 곧 목조주택이 건강한 주택이고 지진, 화재에도 문제가 없는 주택이라는 것을 알게 되리라 생각한다.

이 책은 나무집을 짓기 위한 설계부터 시공은 물론 나무집에 대한 기초적인 지식과 전문적인 부분도 일부 다루고 있다. 목조주택에 관심이 있는 독자들의 궁금증을 해결해 줄 수 있기에 일독을 권한다.

2022. 04. 11.

강승희

옮긴이 **이지호**

대학에서는 번역과 관계가 없는 학과를 전공했으나 졸업 후 잠시 동안 일본에서 생활하다 번역에 흥미를 느껴 번역가를 지망하게 되었다. 스포츠뿐만 아니라 과학이나 기계, 서브컬처에도 관심이 많다. 원서의 내용과 저자의 의도를 충실히 전달하면서도 한국 독자가 읽기에 어색하지 않은 번역을 하는 번역가, 혹시 원서에 오류가 있다면 그것을 놓치지 않고 바로잡을 수 있는 번역가가 되고자 노력하고 있다.

KI NO IE NI SUMOU

© YASUSHI FURUKAWA & ARATA COOLHAND 2021
Originally published in Japan in 2021 by X-Knowledge Co., Ltd.
Korean translation rights arranged through AMO Agency. Seoul

Original Japanese language edition published by X-Knowledge Co., Ltd.
Korean translation rights arranged with HANS MEDIA through AMO Agency Ltd.

나무집에서 살자
Living in a wooden house.

1판 1쇄 인쇄	2022년 04월 18일
1판 1쇄 발행	2022년 04월 25일

지은이	후루카와 야스시 & 아라타 쿨핸드
옮긴이	이지호
펴낸이	김기옥

실용본부장	박재성
실용1팀	박인애
영업	김선주
커뮤니케이션플래너	서지운
지원	고광현, 김형식, 임민진
인쇄·제본	민언프린텍
펴낸곳	한스미디어(한즈미디어(주))
주소	121-839 서울시 마포구 양화로 11길 13(서교동, 강원빌딩 5층)
전화	02-707-0337
팩스	02-707-0198
홈페이지	www.hansmedia.com
출판신고번호	제313-2003-227호
신고일자	2003년 6월 25일

ISBN	979-11-6007-795-7 13540

책값은 뒤표지에 있습니다.
잘못 만들어진 책은 구입하신 서점에서 교환해 드립니다.